山东省中等职业教育课程改革教材

信息技术类

InDesign 版式设计综合实训教程

马铮姝　李卫东　高　川　主编

U0350825

山东科学技术出版社

图书在版编目（CIP）数据

InDesign 版式设计综合实训教程 / 马铮姝，李卫东，高川主编 . —济南：山东科学技术出版社，2018.8

ISBN 978-7-5331-9638-7

Ⅰ . ①Ⅰ… Ⅱ . ①马… ②李… ③高… Ⅲ . ①电子排版 – 应用软件 – 教材 Ⅳ . ① TS803.23

中国版本图书馆 CIP 数据核字 (2018) 第 144548 号

主　编：马铮姝　李卫东　高　川

副主编：刘　娜　赫　静　李凤君　杜玉珍

　　　　李　峰　刘新乐

编　者：刘振华　商和福　肖延超　刘长华

　　　　赵　炜　宗玉萍　杨　琦

责任编辑：邱赛琳

装帧设计：孙　佳　孙非羽

主管单位：山东出版传媒股份有限公司

出 版 者：山东科学技术出版社

地址：济南市市中区英雄山路 189 号

邮编：250002　电话：（0531）82098088

网址：www.lkj.com.cn

电子邮件：sdkj@sdpress.com.cn

发 行 者：山东科学技术出版社

地址：济南市市中区英雄山路 189 号

邮编：250002　电话：（0531）82098071

印 刷 者：山东新华印务有限责任公司

地址：济南市世纪大道 2366 号

邮编：250104　电话：（0531）82079112

开本：787mm×1092mm　　1/16

印张：11.5

字数：265 千

版次：2018 年 8 月第 1 版　　2018 年 8 月第 1 次印刷

定价：30.00 元

前言
PREFACE
InDesign 版式设计综合实训教程

InDesign 由美国 Adobe 公司推出，专门用于设计印刷品和数字出版物的版面。InDesign 打破了传统排版软件的局限，集成了多种排版软件的优点，并融合了多种图形图像处理软件的技术，使用户在排版过程中可以直接对图形图像进行编辑、调整、设计和创意。用 InDesign 可以轻松地编排纸质书籍，制作丰富多彩的数字出版作品。

经过十多年的发展，InDesign 的功能不断完善，它在设计和版面布局、可用性及效率、跨媒体设计、团体协作方面都有很大的增强与进步，更加注重人性化、关怀用户的操作便捷性，并升级开发了更为强大的功能。

本书在讲解 InDesign 软件功能的过程中，也穿插讲述了大量的印前、印后的相关知识及版面设计专业知识等，使学生能更快地融入版面设计行业中。

本书先讲述 InDesign 各部分的功能与使用方法，然后在案例中（图书、报纸、杂志）将所学软件的各个部分功能拼合成整体进行综合运用，使学生能够从整体上把握与协调软件的使用流程及功能。同时案例部分也对相关专业内容做了讲述，从而将软件运用与行业知识积极地关联起来，便于加深学生对版面设计的理解。本书配套相关素材及电子课件，方便教师教学使用。

由于时间仓促，编者水平有限，不足和错误在所难免，恳请广大读者批评指正。

编者

目录
C O N T E N T

InDesign 版式设计综合实训教程

Part 1　InDesign 快速入门

Part 2　图书版式设计与制作

Part 3　报纸版式设计与制作

Part 4　杂志版式设计与制作

建议课时：8 课时

Part 1 ■ InDesign 快速入门

InDesign 是一款出色的排版软件，可以专业又高效地完成图书、杂志等纸质出版物的排版，还可以做出发布于不同平台的数字出版物。本章主要讲解 InDesign 的常用排版功能。

1.1 建立和保存文件	**1.2** 置入与操作对象	**1.3** 设置文字属性
1.4 绘制图形	**1.5** 填色与描边	**1.6** 设置页面
1.7 印前、打包和导出	**1.8** 任务实例	**1.9** 练习与拓展

1.1 建立和保存文件

InDesign 可以出色地完成排版工作，将文字、图片等通过其专有的文件格式 indd 整合在一起。而除了文字以外，通常其他的资源，如图片、音频、视频不会直接嵌入到 indd 文件中，而是以"链接"的形式存放在外部。通常，建议建立一个文件夹用来存放图片等链接文件，以方便排版工作。

✎ 一、建立工作文件夹

1. 规范建立文件夹

建议在非系统盘符下建立以工作者姓名命名的文件夹，然后在此文件夹下创建以稿件名命名的子文件夹，再在稿件名子文件夹下创建相应的子文件夹等。

例：接到出版下稿通知单，要编排一本名为《朱自清散文集》的图书，建议如图1-1-1所示创建文件夹。

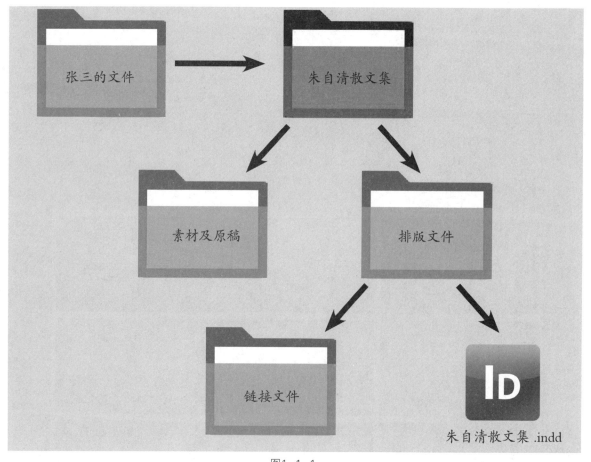

图1-1-1

2. 不要在桌面开展工作

很多设计师为了使用文件方便，会把文件放在桌面上并开展工作，殊不知一旦计算机系统崩溃，文件有可能会丢失，会造成难以挽回的损失。建议把文件存放在非系统盘下，为方便使用可以为文件夹在桌面上建立快捷方式，如图 1-1-2 所示。

图1-1-2

3. 命名

在设计制作之前,一定要规划好文件结构并且科学地命名每个层级的文件夹,方便自己或他人查找。从网上下载的图片及文件,客户提供的图片及文件,要及时更改名字,不要用单一的数字或字母来命名图片,否则很容易重名,会造成图片链接错误。建议图片命名要表明用途、位置、特点。但这些建议也不是绝对的,设计师需要视情况而定,如图1-1-3所示。

 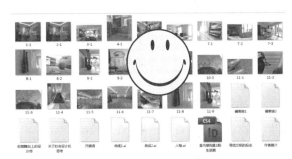

图1-1-3

4. 素材拷贝

客户提供的原稿与素材放置在素材文件中,不能随意改动,使用时建议复制并粘贴到链接文件夹下再进行更改。

二、工作前准备

在展开工作之前,和客户进行良好的沟通,了解工作任务的要求。

1. 成品尺寸

了解客户想要产品的尺寸是多大。

2. 篇幅

了解客户需要的产品大约有多少页。

3. 设计／排版要求

了解客户对于所做内容的设计要求。如设计风格要求做得简洁、大气,还是活泼、热闹,需要重点突出的地方有哪些等。提前跟客户沟通好,可以减少后面设计工作的修改难度。

4. 印刷方式与承印介质

确定印刷方式是轮转胶印、平版胶印、丝网印刷还是数码快印等,承印介质是新闻纸、铜版纸还是特种纸等,以便根据印刷方式与承印介质的不同对图像做适应印刷工艺的加工与处理。

5. 装订方式

根据装订方式、折页方式设置版心以及页面顺序。

6. 印后整饰工艺

确定有无特殊的印后整饰工艺，如专色印刷、烫金、UV 等。

7. 完稿时间

确定客户要求的完稿时间，根据完稿时间安排自己每天的工作内容。

8. 提供素材

需要客户提供的文字、图片等素材，以及自己准备的素材。

✎ 三、新建文档

1. 用途

下拉列表中包含打印和Web两个选项，制作纸媒选择打印。

2. 页面大小

根据任务要求设置页面大小、如图1-1-4所示。

3. 出血

一般图书、杂志、单页宣传页等出血为3mm，包装产品要根据实际情况设定出血数值。

4. 边距

边距设置起到约束版面内容的作用，可以使版面看起来规整，让读者能够舒适地阅读内容。

5. 分栏

在较大尺寸的页面中，使用通排文字，读者必须来回扭动着脖子才能从左至右地阅读文章。若将文本分为两栏或三栏，读者可以在固定的视角中把文章阅读完，避免阅读疲劳，版面也显得比较规整和统一，如图1-1-5所示。

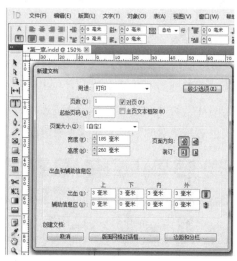

图1-1-4

通栏

两栏

三栏

图1-1-5

四、及时保存

新建文档后立刻按下Ctrl+S键，并起好名字。

停下来思考时，记得先按下Ctrl+S键。

离开座位时，记得先按下Ctrl+S键。

当别人走近你，甚至想用一下你的电脑时，记得先按Ctrl+S键。

五、预览

1. 正常视图模式

正常视图模式是在界面中显示版面及所有可见的网格、参考线、文本框等，如图 1-1-6 所示。

图1-1-6

2. 预览视图模式

预览视图模式是完全按照最终输出的样子显示版面，所有非打印元素（网格、参考线、文本框等）都不显示，所有可打印元素都会显示出来，如图 1-1-7 所示。

图1-1-7

3. W 键

在非文字输入状态下，按 W 键，可以切换正常视图模式和预览视图模式。

1.2　置入与操作对象

文档建好后，接下来需要将排版所用到的内容置入 indd 文件中来，这些内容可以是文字、表格、图片等。置入对象后，还可以在 InDesign 中很方便地操作它们。

一、置入文字

置入文字的方法有四种：一是输入文字，二是复制粘贴文字，三是置入文字，四是拖曳文字。

1. 输入文字

（1）选择"文字工具"，在页面中按下鼠标左键拖曳一个文本框，如图1-2-1所示。

（2）文字光标自动插入到文本框中，输入文字，如图1-2-2所示。

图1-2-1

图1-2-2

2. 复制粘贴文字

（1）在Word或其他文本编辑软件中选中文本，按Ctrl+C键复制文字，如图1-2-3所示。

（2）在InDesign中选择"文字工具"，在页面中按下鼠标左键拖曳一个文本框，按Ctrl+V键粘贴文字，如图1-2-4所示。

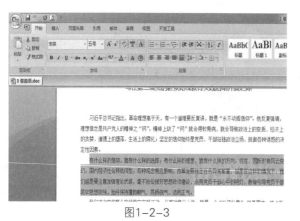

图1-2-3

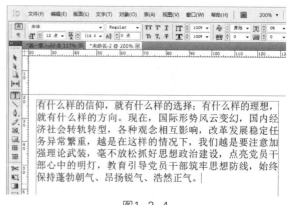

图1-2-4

3. 置入文字

选择菜单"文件\置入"或按下 Ctrl+D 键，选择文本文件，置入到页面中，如图 1-2-5 所示。

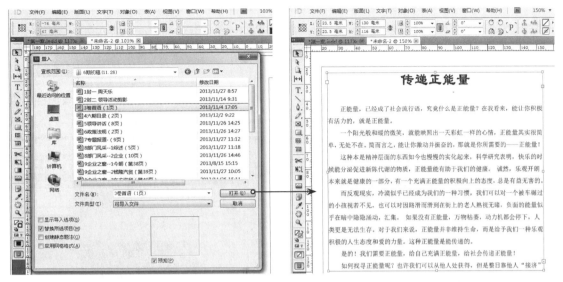

图1-2-5

4. 拖曳文字

（1）打开文件夹，选择文本文件，拖曳到 InDesign文档中，如图1-2-6所示。

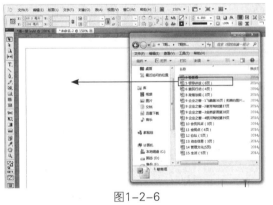

图1-2-6

（2）单击页面，完成拖曳文字的操作，如图 1-2-7所示。

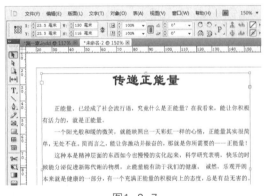

图1-2-7

5. 粉色底表示缺失字体

（1）打开indd文件，如果本机系统中没有文件中用到的字体，会弹出"缺失字体"对话框。文字底下都衬着粉色底表示系统缺失字体，单击"查找字体"按钮，如图1-2-8所示。

图1-2-8

（2）选择缺失的字体，在"字体系列"中选择字体，单击"全部更改"按钮和"完成"按钮，即完成替换缺失字体的操作，如图1-2-9所示。

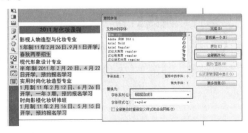

图1-2-9

✎ 二、置入图片

置入一张图片时，建议拖曳至合适大小，而不是单击页面。如果图片很大，单击图片会铺满页面或是超出整个页面，再进行调整会比较麻烦；而拖曳鼠标，图片会按照图片框的大小等比例放入图片框中。

1. 置入一张图片

（1）选择菜单"文件\置入"，选择可导入文件，单击"打开"按钮，如图1-2-10所示。

（2）在页面中拖曳鼠标，图片则按照拖曳图片框的大小等比例进行缩放，如图1-2-11所示。

图1-2-10

图1-2-11

2. 置入多张图片

一次性置入多张图片到页面中，选中多张图片，按下 Ctrl+Shift，拖曳鼠标，鼠标不松开，上下方向键调整行数，左右方向键调整列数，改变一次性置入多图的图片数量，如图 1-2-12 所示。

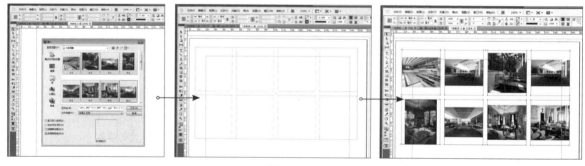

图1-2-12

✎ 三、选择和编辑对象

在 InDesign 中，通过"选择工具"和"直接选择工具"来选择并编辑对象，如图 1-2-13 所示。

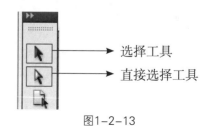

选择工具

直接选择工具

图1-2-13

1. 选择工具

"选择工具"可以选择文字、图片、图形并移动它们的位置。

（1）选择并移动对象（图1-2-14）

① 用"选择工具"选择对象。 ② 拖曳鼠标，改变对象的位置 。

图1-2-14

（2）图片中央的圆环小图标（图1-2-15）

① 将"选择工具"放在图片中央的圆环形小图标上，光标变为手形表示启动了"直接选择工具"。

② 移动鼠标，图片的内容在图片框内进行移动。

③ 松开鼠标，单击页面空白处，则可以看到完整的图片被遮挡后的部分。

图1-2-15

（3）利用图片框裁剪图片

图片框由9个锚点来控制，图片框中是图片内容，用"选择工具"选择图片，将光标放在任何一个空心锚点上并向图片中心点拖曳鼠标，就可以遮挡住不想显示的图片部分，实现裁剪图片，如图1-2-16所示。

图1-2-16

（4）图片与图片框同时等比例缩放（图 1-2-17）

按住 Ctrl+Shift 键并拖曳图片，可以等比例同时缩放图片与图片框。

图1-2-17

2. 直接选择工具

"直接选择工具"可以选择图片框架里的内容并在框架内移动它们的位置，也可以选择图形的锚点，并调整锚点的位置和路径，如图 1-2-18 所示。

（1）用"直接选择工具"选择图片内容。　　　　　（2）拖曳鼠标，移动图片内容。

（3）用"直接选择工具"选择图形的锚点，可以随意移动锚点和调整路径。

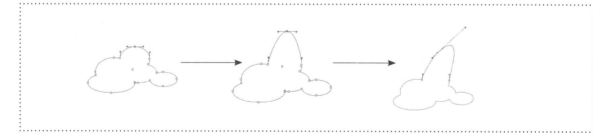

图1-2-18

3. 适合

选择图片时，控制面板上会出现一系列适合按钮，其中最常用的按钮是按比例填充框架、按比例适合内容、框架适合内容以及自动调整。这些按钮的作用是通过框架和内容的互相配合来调整图片的缩放。

（1）框架适合内容（图 1-2-19）

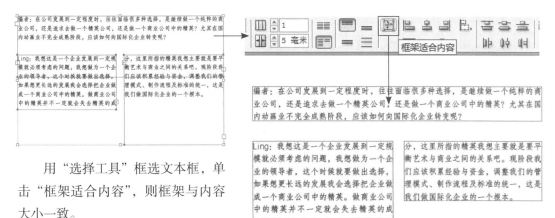

用"选择工具"框选文本框，单击"框架适合内容"，则框架与内容大小一致。

图1-2-19

（2）按比例适合内容

图片内容被遮挡了一部分，单击按比例适合内容，则图片按照框架的大小等比例进行调整，使图片内容完全显示出来，如图 1-2-20 所示。

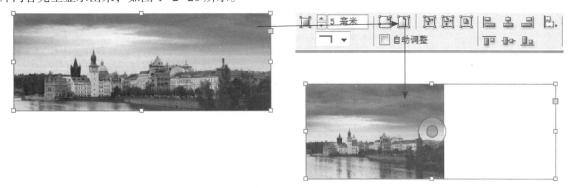

图1-2-20

（3）按比例填充框架

图片框大于图片内容，单击"按比例填充框架"，则图片等比例填充框架，但图片内容没有完全显示；单击"框架适合内容"，则图片内容完全显示，如图 1-2-21 所示。

图1-2-21

（4）自动调整

勾选"自动调整"，在拖曳图片框时，图片框和内容同时进行等比例缩放，如图 1-2-22 所示。

图1-2-22

4. 对齐与分布对象（窗口\对象和版面\对齐）

多张图排版经常会要求图与图之间的间距相等或没有间距，这些通过"对齐"面板都能实现。

（1）用"选择工具"选择 4 张图片，单击对齐面板的顶"对齐"，使图片顶对齐排列，如图 1-2-23 所示。

图1-2-23

（2）保持图片的选中状态，勾选"使用间距"，设置数值为 2 毫米，单击水平分布间距，则可使这 4 张图等间距分布，如图 1-2-24 所示。

（3）如果要图片之间没有间距，可在使用间距的数值框中输入 0 毫米，再进行分间距对齐，如图 1-2-25 所示。

图1-2-24

图1-2-25

1.3 设置文字属性

文字编排的主要目的是在体现美感、强化主题、便于阅读的同时，还要整体协调、轻重有别，从而有效地向受众表达版面信息，字体的选用和属性设置是排版设计的重要因素。

一、字体、字号和行距

1. 设置字体和字号（图1-3-1）

一般来说，字体选择应当注意以下几点。

◎字体应该与版面的设计风格相统一，整体搭配。

◎在内容严谨的图书、杂志中，标题和正文字体一般不追求太多变化，多采用宋体（标宋、书宋、大宋、中宋、仿宋）、黑体（中黑、平黑、细黑、大黑）、楷体、等线体（细等线、中等线）、圆体（中圆、线圆、粗圆）等，这些字体是标准的基础字体，虽然普通却很耐看。

◎在同一版面中，使用字体的种类不宜过多，以避免出现杂乱无章、风格不一的情况。

图1-3-1

◎版面中同时使用中、英文字体时，要注意两者之间的粗细、大小差别，力求协调、统一。

字号即字体的大小，通常用点、号或磅来表示，字体大小的变化对于版面的图文编排有至关重要的影响。在排版设计时要仔细推敲，准确把握文章的主标题、副标题、广告词、正文等层次，然后确定不同的字号大小，尽量体现层次的合理性、科学性。

对于常规版面来说，一级标题的字号应该在24点以上，正文字号在8点左右。要因不同的印刷材质、不同的阅读距离以及不同的受众群体而设置不同的字号。例如，报纸杂志上的正文可用8—10点就足够了，在招贴海报上，因为阅读距离的不同，可能需要24点以上才能看清楚；在精美画册上，6—8点字节都能够看清楚，10点的字略偏大。对于老年人读物来说字号要设置大一些，对于儿童出版物来说字号也不能太小，同时间距也不宜过密。总之，字体字号的运用要做到方便阅读、规范合理、成熟而不失美感。

2. 设置行距

舒适的行距很重要，行距太密则容易造成阅读疲劳，行距太疏则版面会看起来很松散，如图1-3-2所示。通常行距设置为字符大小的1.5—2倍为宜。

> 在命运的航程中，无疑每个人都是独行者。可能有的人会一帆风顺，但更多的人会坎坎坷坷。一帆风顺者，如碧海泛舟，难有心旌猎猎的动魄之喜；一旦生活之舟搁浅，寂寞的难堪便会长驱直入，衍化成无数的噬齿之情。
>
> 行距太密

> 在命运的航程中，无疑每个人都是独行者。可能有的人会一帆风顺，但更多的人会坎坎坷坷。一帆风顺者，如碧海泛舟，难有心旌猎猎的动魄之喜；一旦生活之舟搁浅，寂寞的难堪便会长驱直入，衍化成无数的噬齿之情。
>
> 行距太疏

图1-3-2

✎ 二、对齐方式

文字的对齐方式有左对齐、居中对齐、右对齐、双齐末行齐左、双齐末行居中、双齐末行齐右、全部强制双齐，部分对齐方式如图 1-3-3 所示。正文通常采用的对齐方式是双齐末行齐左，标题通常采用左对齐、右对齐或居中对齐，具体要视版式情况而定。

左对齐

居中对齐

右对齐

全部强制双齐

图1-3-3

✎ 三、文本框属性

正常视图模式　　　　　　预览视图模式

图1-3-4

默认情况下，文本框没有颜色，但可以通过描边让它有颜色。在正常视图下，框架边缘带有颜色，但不会被打印。所以，文本框是否描边不好分辨，可以通过预览来看文本框是否描边，如图 1-3-4 所示。文本框还可以设置边距、分栏和栏间距。

（1）用"选择工具"选择文本框，单击鼠标右键，选择"文本框架选项"，如图 1-3-5 所示。

（2）设置"栏数"为 2，"内边距"上、下、左、右设为 2 毫米，如图 1-3-6 所示。

图1-3-5

图1-3-6

四、段落样式

段落样式是排版工作中不可缺少的重要功能。设置"段落样式"名称时，建议根据文字层级命名，例如一级标题、二级标题、正文等。为"段落样式"设置快捷键，使文字属性能够快速地应用到版面中，可以提高设计师的工作效率，减少重复劳动，如图1-3-7所示。

图1-3-7

1.4 绘制图形

图形是一本出版物的重要组成部分，InDesign可以快速地绘制出版面中所需要的各种图形。

一、图形工具

在制作出版物时，不可避免地需要设计师绘制一些简单的图形，例如直线、矩形、圆形等。InDesign自带了可以绘制这些图形的工具，但仅限于绘制简单的图形。

（1）用"直线工具"，可以画一条直线。按住Shift键水平方向拖曳鼠标，就能绘制一条水平直线，如图1-4-1所示。

（2）用"矩形工具"，拖曳鼠标，绘制出矩形，按下Shift拖曳鼠标就能绘制一个正方形，如图1-4-2所示。

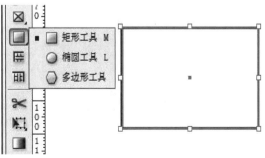

图1-4-1   图1-4-2

（3）用"椭圆工具"，拖曳鼠标，绘制出椭圆，按下 Shift 键拖曳鼠标就能绘制一个圆形，如图 1-4-3 所示。

（4）用"多边形工具"，单击鼠标，设置多边形参数，单击"确定"，绘制多边形，如图 1-4-4 所示。

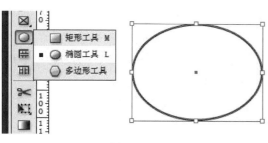

图1-4-3

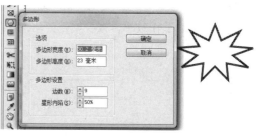

图1-4-4

二、编辑图形

1. 原位粘贴

InDesign 具有"原位粘贴"的功能，即在其中一页复制对象，在下一个对页中，单击鼠标右键，选择"原位粘贴"，则粘贴的对象与上一页的对象位置相同。原位粘贴的对象可以是文字、图形、图片、框架甚至参考线，如图 1-4-5 所示。

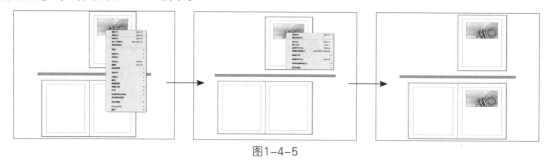

图1-4-5

2. 多重复制

"多重复制"命令是将选定对象按照指定的行偏移距离或列偏移距离一次性沿某个方向创建出多个副本对象。通过直接复制对象，可快速创建出对象的副本。副本对象与原对象间的距离由"多重复制"对话框中的"水平位移"和"垂直位移"值决定。

（1）使用"选择"工具选择页面中的按钮图形，然后执行"编辑"→"多重复制"命令，打开"多重复制"对话框，设置对话框，如图 1-4-6 所示。

图1-4-6

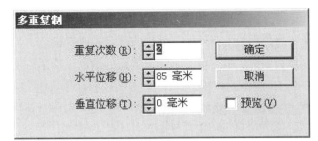

图1-4-7

（2）在"多重复制"对话框中,如果设置"水平位移"或"垂直位移"参数为正值,表示向右或向上多重复制对象;如果为负值,表示向左或向下复制对象,如图1-4-7所示。

图1-4-8

（3）单击"确定"按钮关闭对话框,对选择对象进行多重复制,如图1-4-8所示。

3. 编组

可以将多个图片、图形、线条和文字编组在一起,便于一起移动位置和管理。用选择工具框选多个对象,单击鼠标右键,选择编组即可;或用快捷键 Ctrl+G。

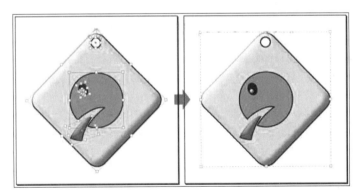

图1-4-9

1.5　填色与描边

在 InDesign 中可以对图形进行填色和描边。

一、色板

"色板"调板可以创建和命名颜色、渐变或色调,并快速应用于文档。"色板"类似于段落样式和字符样式,对色板所做的任何更改都将影响应用该色板的所有对象。使用色板无须定位和调节每个单独的对象,从而使得修改颜色方案变得更加容易。

1. 新建颜色色板

单击"色板"面板右侧的三角按钮，选择"新建颜色色板"。拖动 CMYK 的颜色条改变颜色，调整好颜色后，单击"添加"按钮，则将新建的颜色添加到"色板"中，继续设置新的颜色，若不需要则单击"确定"按钮，完新建颜色的操作，如图 1-5-1 所示。

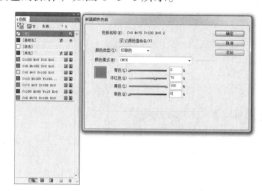

图 1-5-1

2. 新建渐变色板

单击"色板"面板右侧的三角按钮，选择"新建渐变色板"。单击渐变曲线上的色块，拖动 CMYK 的颜色条改变颜色，调整好颜色后，单击"添加"按钮，则将新建的渐变色添加到"色板"中，继续设置新的渐变色，若不需要则单击"确定"按钮，完成新建渐变色的操作，如图 1-5-2 所示。

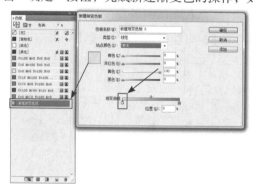

图 1-5-2

二、针对容器的填色和描边

在对图形使用颜色时，需要考虑清楚是为它设置填充颜色，还是描边颜色。

（1）用"选择工具"选择图形。"格式针对容器"按钮下陷，"填色"按钮在上方，则表示当前是对图形进行填充颜色，此时单击"色板"中的某个颜色即可，如图 1-5-3 所示。

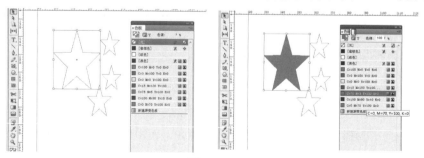

图 1-5-3

（2）用"选择工具"选择图形。在"色板"面板中，单击"描边"，"描边"按钮在上方，则表示当前是对图形进行描边颜色，此时单击"色板"中的某个颜色，即可完成图形描边，如图1-5-4所示。

图1-5-4

✎ 三、针对文字的填色和描边

（1）用"文字工具"选择文字，注意看图中标出的两处位置，"格式针对文本"按钮下陷，"填色"按钮在上方，则表示当前是对文字进行填充颜色。单击"色板"中的某个颜色，即完成文字填充颜色的操作，如图1-5-5所示。

图1-5-5

（2）用"文字工具"选择文字，在"色板"面板中，单击"描边"，"描边"按钮在上方，则表示当前是对文字进行描边颜色，此时单击"色板"中的某个颜色，即可完成文字描边，如图1-5-6所示。

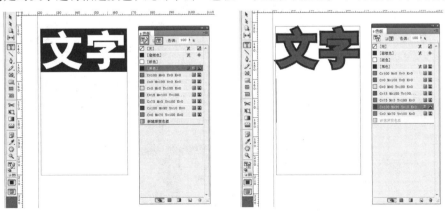

图1-5-6

1.6 设置页面

一本出版物通常会有很多页，InDesign 的页面面板可以很好地管理多页面。

一、添加和删除页面

1. 添加页面

（1）在"页面"面板中，单击页面，需要在被选中的页面后插入空白页，单击鼠标右键，选择"插入页面"，如图 1-6-1 所示。

（2）设置"页数"为 2，"插入"选择"页面后"，单击"确定"按钮，插入了 2 页空白页，如图 1-6-2 所示。

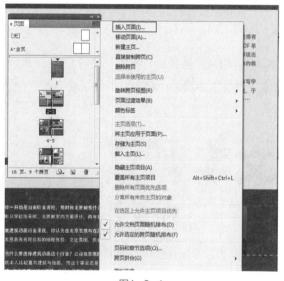

图 1-6-1

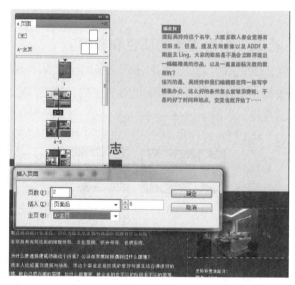

图 1-6-2

2. 删除页面

（1）在"页面"面板中，选择需要删除的页面，单击鼠标右键，选择删除跨页，如图 1-6-3 所示。

（2）在弹出的对话框中，单击"确定"按钮。也可以直接选中页面，拖入垃圾桶图标中，如图 1-6-4 所示。

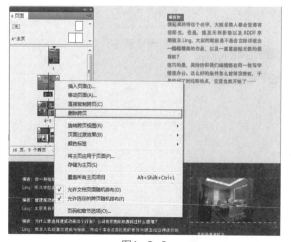

图 1-6-3

图 1-6-4

二、应用主页

主页的作用在于可以将页面中重复出现的元素设计到主页上，然后应用到普通页面中，这样既可以减少重复操作，又方便统一修改。例如，页眉和页码就可以设计到主页上。

在未添加其他主页时，在页面面板中添加页面，默认使用的都是A—主页。

（1）单击"页面"面板右侧的三角按钮，选择"新建主页"，如图1-6-5所示。

（2）弹出"新建主页"对话框，修改名称，单击"确定"，如图1-6-6所示。

图1-6-5

图1-6-6

（3）按住 Shift 键选择多个页面，如图1-6-7所示。

（4）单击鼠标右键，选择将主页应用于页面，如图1-6-8所示。

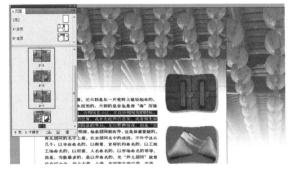

图1-6-7

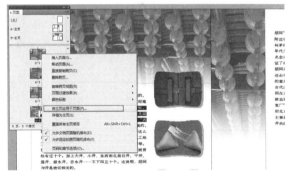

图1-6-8

（5）在应用主页的下拉列表中选择B—主页，如图1-6-9所示。

（6）被选中的页面都统一应用了B—主页，如图1-6-10所示。

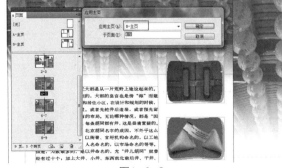

图1-6-9

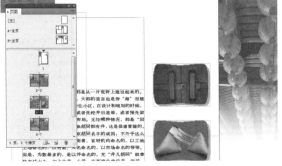

图1-6-10

✍ 三、设置页码

在主页中设置页码的好处是它可以自动应用到各个页面中，即使页面中所应用的是不同主页，页码也可以顺排，添加和删除页面也不会影响页码的顺序，这比手动添加页码要省事，并且大大地降低了错误率。

（1）双击"页面"面板的"A—主页"，则由普通页面跳转到 A—主页，如图 1-6-11 所示。

（2）用文字工具绘制文本框，执行"文字"→"插入特殊字符"→"标志符"→"当前页码"，即完成设置页码的操作，如图 1-6-12 所示。

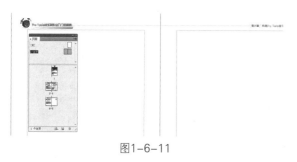

图1-6-11

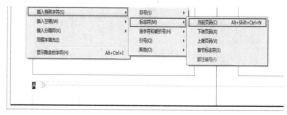

图1-6-12

（3）将左页页码复制粘贴到右页，并设置右页页码的文字对齐方式为右对齐，如图 1-6-13 所示。

图1-6-13

（4）在"页面"面板中，双击普通页面，则跳转到普通页面中，即可看到设置页码后的效果，如图 1-6-14 所示。

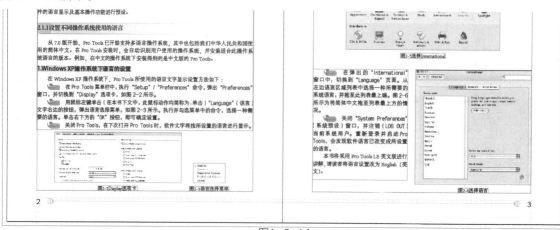

图1-6-14

1.7　印前、打包和导出

打印输出是设计过程中的最后一个环节，也是最重要的环节。将设计文件准确无误地打印出来，需要预检文档是否有问题，然后打包文件、导出等。

一、文档的印前检查

对要输出的出版物务必做到全面检查，这样可以减少在输出过程中发生错误，使损失降到最低。在 InDesign 中可以通过"印前检查"面板对文档进行品质检查。例如，在编辑文档时，如果遇到文件或字体缺失，图像分辨率低，文本溢流及其他一些问题，"印前检查"面板就会发生警告。

图1-7-1

执行"窗口"→"输出"→"印前检查"命令，或双击文档窗口（左）底部的"印前检查"图标，弹出"印前检查"面板，如图 1-7-1 所示。

在检测的过程中，如果没有检测到错误，"印前检查"图标显示绿色;如果检测到错误，则会显示为红色，并显示错误信息。

二、打包文件

设计制作完成后，在文件里所用到的链接图有可能放在不同的文件夹中，我们可以使用打包功能，将分布在各文件夹里的链接图归纳到一起。或是链接图都在同一文件夹里，但文件夹中也有未使用到的素材，打包功能可以剔除掉这些没用到的素材，从而减少文件的容量。

（1）执行"文件""打包"命令，如图 1-7-2 所示。

（2）弹出"打包"对话框，检查链接图是否有缺失和修改，字体是否缺失等，单击"打包"按钮，如图 1-7-3 所示。

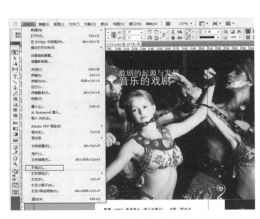

图1-7-2

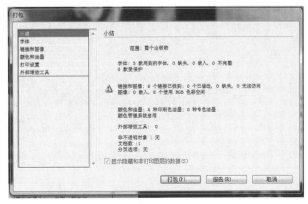

图1-7-3

（3）在弹出的对话框中单击"继续"，选择存储路径，单击"打包"按钮，如图 1-7-4 所示。

（4）打包文件中包含 .indd 文件、Link 文件夹（存放链接图）、Document fonts 文件夹（存放英文字体）、说明文档，如图 1-7-5 所示。

图1-7-4

图1-7-5

✎ 三、导出文件

在制作完印刷文件后，通常建议设计师输出为 .PDF 格式。PDF 文件即"可携式文件"，是一种优秀的电子文件格式。它可以保留文档的字体、图像、图形和版面设置，可直接传送到打印机、CTP 直接制版机。

（1）执行"文件"→"导出"命令，在保存类型中选择"Adobe PDF（打印）"，如图 1-7-6 所示。

（2）单击"保存"按钮，在 Adobe PDF 预设中选择"高质量打印"，单击"导出"，如图 1-7-7 所示。

图1-7-6

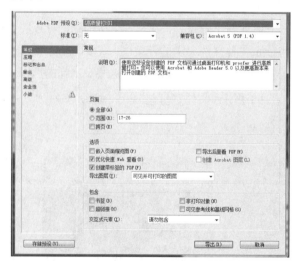

图1-7-7

1.8 任务实例 制作一张蛋糕房的贵宾卡

本次实例制作了一张蛋糕房的贵宾卡。贵宾卡以黄色调为主，以激发人们对美食的联想。画面采用直观的图片表现商品的外观，充分展示了美食诱人的产品特点。在本实例的制作过程中，通过绘制图像来制作背景，接着将素材置入到文档中添加效果，然后添加文字并为文字设置不同的样式。图1-8-1为该实例的制作概览。

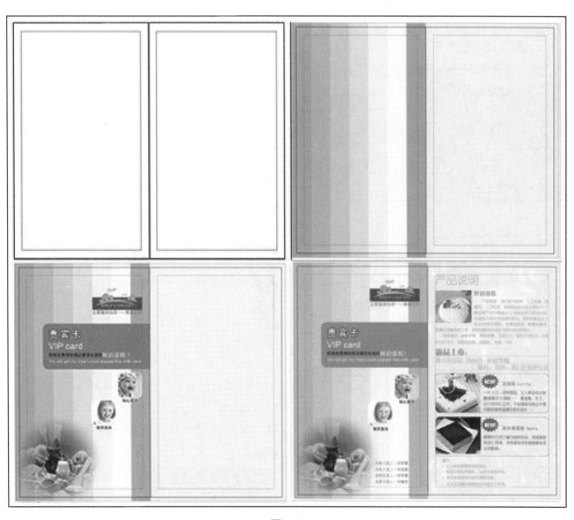

图1-8-1

✎ 操作步骤

1.绘制标志

（1）启动 InDesign，执行"文件"→"新建"→"文档"命令，创建一个空白文档，如图1-8-2 所示。

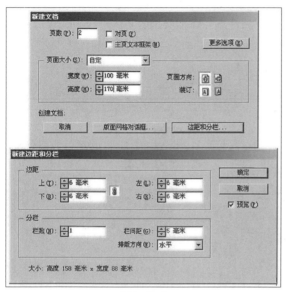

图1-8-2

（2）执行"窗口"→"页面"命令，打开"页面"调板，单击该调板右上角的"调板菜单"按钮，在弹出的菜单中执行"允许选定的跨页随机排布"命令，使该页面可以和其他页面拼合，如图1-8-3 所示。

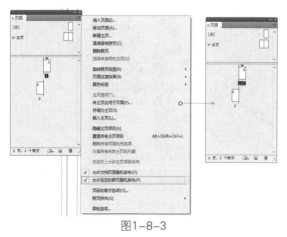

图1-8-3

（3）使用鼠标拖动第 2 页到第 1 页中，使两个页面拼合在一起，如图1-8-4 所示。

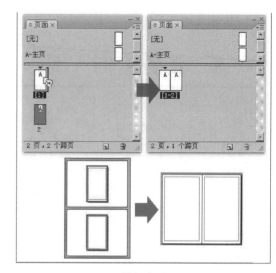

图1-8-4

（4）使用"矩形"工具，在视图中绘制一个矩形图像，然后在工具箱中为矩形图像设置填充颜色为"C0，M40，Y100，K0"，描边颜色为"无"，如图 1-8-5 所示。

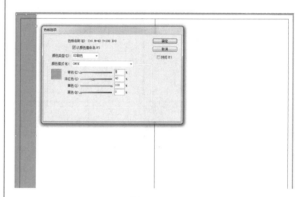

图1-8-5

（5）执行"编辑"→"多重复制"命令，打开"多重复制"对话框，参照下图所示设置对话框的参数，复制图像并调整图像的位置，如图 1-8-6 所示。

图1-8-6

（6）分别在色板中设置矩形图像颜色的色调，效果如图1-8-7所示。

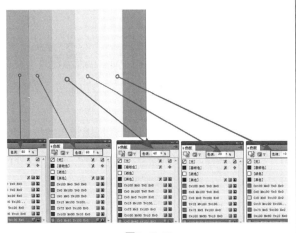

图1-8-7

（7）继续使用"矩形"工具在右页中绘制矩形图像并设置矩形图像的颜色为"C0，M8，Y20，K0"，如图1-8-8所示。

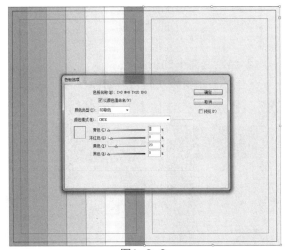

图1-8-8

（8）执行"文件"→"置入"命令，将Part 1\"封面t1.jpg"文件置入文档中，调整图像的位置，效果如图1-8-9所示。

图1-8-9

（9）确认刚刚置入的图像为选择状态，执行"对象"→"效果"→"渐变羽化"命令，打开"效果"对话框，设置图像羽化的效果，如图1-8-10所示。

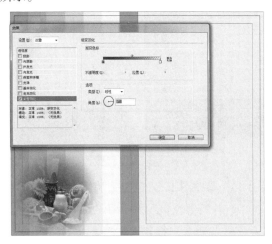

图1-8-10

（10）使用"矩形"工具在页面中绘制矩形图像并设置矩形图像的颜色为"C90，M60，Y20，K0"，如图1-8-11所示。

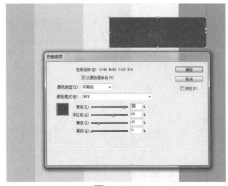

图1-8-11

（11）使用"椭圆"工具，参照下图所示在视图相应的位置绘制多个椭圆图像，如图1-8-12所示。

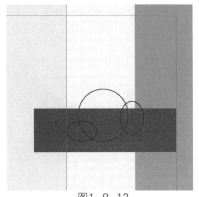

图1-8-12

（12）使用"选择"工具，配合按下 Shift 键将多个图像选中，然后按下 Alt 键的同时拖动选择图像，将其复制，效果如图 1-8-13 所示。

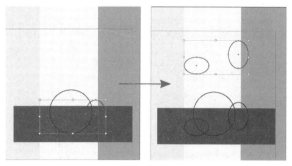

图1-8-13

（13）参照图 1-8-14 所示将部分绘制的椭圆形选中，执行"窗口"→"对象和版面"→"路径查找器"命令，打开"路径查找器"对话框，单击"减去"按钮，将图像剪裁。

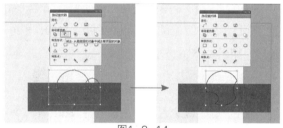

图1-8-14

（14）调整图像的位置，并设置图像的颜色为"C50，M0，Y100，K0"，效果如图 1-8-15 所示。

图1-8-15

（15）使用同样的方法编辑另一个图像，效果如图 1-8-16 所示。

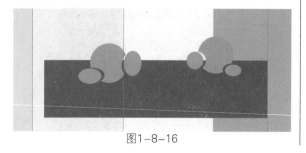

图1-8-16

（16）使用"钢笔"工具，在视图中绘制相应的图像，并设置图像的颜色，效果如图 1-8-17 所示。

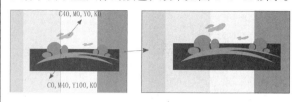

图1-8-17

（17）使用"文字"工具，在视图相应的位置创建文本，并设置文本的样式，效果如图 1-8-18 所示。

图1-8-18

2. 绘制贵宾卡的正面

（18）绘制矩形，执行"对象"→"角选项"命令，修改参数，如图 1-8-19 所示。

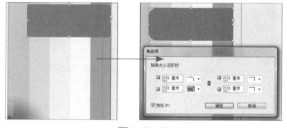

图1-8-19

（19）使用"文字"工具，在视图相应的位置绘制文本框，并在文本框中输入文字"贵宾卡 VIP card 您将免费得到我店最受欢迎的鲜奶蛋糕！You will get my shop's most popular free milk cake!"，如图 1-8-20 所示。

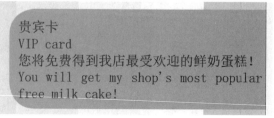

图1-8-20

（20）参照下图设置文本样式，如图1-8-21所示。

图1-8-21

（21）使用"矩形"工具，按下 Shift 键在视图相应的位置绘制正方形图像，并设置描边为白色，如图1-8-22所示。

图1-8-22

（22）确认正方形图像为选择状态，执行"对象"→"角选项"命令，打开"角选项"对话框，设置对话框的参数，使正方形图像的角成为圆角形，如图1-8-23所示。

图1-8-23

（23）确认正方形图像为选择状态，执行"文件"→"置入"命令，将 Part 1\ "宝宝1.jpg"文件置入绘制好的正方形图像中，如图1-8-24所示。

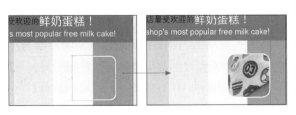

图1-8-24

（24）这时置入路径中的图像没有完全显示，执行"对象"→"适合"→"使内容适合框架"命令，使图像和路径大小相同，效果如图1-8-25所示。

图1-8-25

（25）使用"文字"工具，在视图中创建文本框架并输入文字，接着参照下图所示为文本和文本框设置样式，如图1-8-26所示。

图1-8-26

（26）参照以上将图像置入到路径中的方法，将 Part 1\ "宝宝2.jpg"文件置入路径中并添加文字，效果如图1-8-27所示。

图1-8-27

3. 绘制贵宾卡的背面

（27）使用"选择"工具，选择页面右侧的米黄色矩形，执行"文件"→"置入"命令，将 Part 1\ "反面背景.jpg"文件置入路径中，双击鼠标选中框架中的图片，执行"对象"→"效果"→"透明度"命令，按照图 1-8-28 所示设置参数。

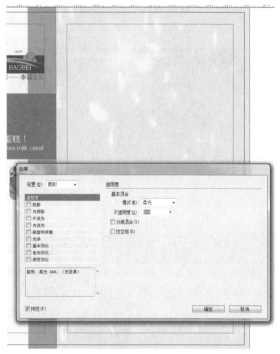

图1-8-28

（28）接着将 Part 1\"产品说明 .txt"文件置入文档，如图 1-8-29 所示。

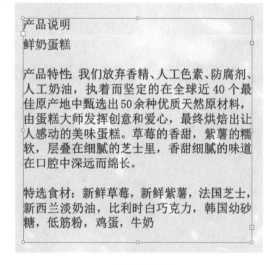

图1-8-29

（29）参照下图设置文字的样式，如图 1-8-30 所示。

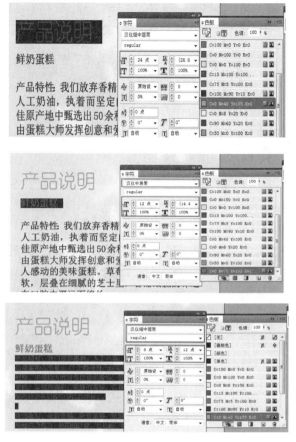

图1-8-30

（30）执行"文件"→"置入"命令，将 Part 1\"蛋糕 1.jpg"文件置入页面中，效果如图 1-8-31 所示。

图1-8-31

（31）确定图片为选择状态，执行"窗口"→"文本绕排"命令，打开"文本绕排"调板，在该调板中单击"沿定界框绕排"按钮，使图片覆盖的文字沿图片的边沿排列，效果如图 1-8-32 所示。

图1-8-32

（32）使用"文字"工具，在视图中创建文本框，并输入文字，如图1-8-33所示。

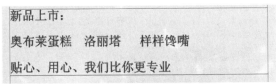

图1-8-33

（33）参照下图所示设置文字的样式，如图1-8-34所示。

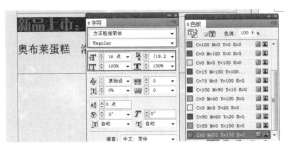

图1-8-34

（34）单击"段落"调板右上角的"调板菜单"按钮，在弹出的菜单中执行"段落线"命令，打开"段落线"对话框，设置对话框参数为文字添加"段后线"，效果如图1-8-35所示。

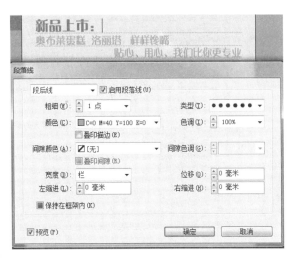

图1-8-35

（35）使用"矩形"工具在视图相应的位置绘制矩形图像，并设置矩形图像的描边颜色，如图1-8-36所示。

图1-8-36

（36）执行"文件"→"置入"命令，将Part 1\"蛋糕2.jpg"文件置入，然后更改图像的大小，如图1-8-37所示。

图1-8-37

（37）选择"多边形"工具，在视图中单击打开"多边形"对话框，设置对话框中的参数，创建多边形图像，如图1-8-38所示。

（38）确认多边形图像为选择状态，执行"对象"→"角选项"命令，打开"角选项"对话框，设置对话框的选项，使多边形的角成为圆角，然后设置多边形图像的填充颜色，如图1-8-39所示。

图1-8-39

（39）接着使用"文字"工具，在视图中创建文本框并添加文字，然后分别设置文字的样式，效果如图1-8-40。

图1-8-40

（40）参照图1-8-41所示创建图像，置入Part 1\"蛋糕3.jpg"文件并创建文本，设置文本的样式。

图1-8-41

（41）参照图1-8-42在视图相应的位置创建文本。

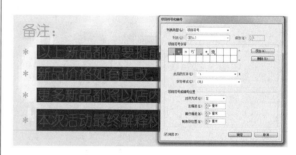

图1-8-42

（42）将部分文本选中，单击"段落"调板右上角的"调板菜单"按钮，在弹出的菜单中执行"项目符号和编号"命令，打开"项目符号和编号"对话框，为文本添加项目符号，如图1-8-43所示。

图1-8-43

（43）最后在文档中添加其他文本和图像，完成本实例的制作，效果如图1-8-44所示。

图1-8-44

1.9 练习与拓展

制作旅游海报。

一、画出制作步骤图

```
                              ┌─── 背景及主图 ───
                              │
                              │
    旅游海报 ──────────────────┼─── 标题 ──────────
                              │
                              │
                              └─── 文字部分 ──────
```

二、排版技巧分析

Part 2 ■ 图书版式设计与制作

图书的版式设计是指在一种既定的开本上，把书稿的结构层次、文字、图表等方面进行艺术而又科学的处理，使图书内部各个组成部分的结构形式既能与图书的开本、装订、封面等外部形式协调，又能给读者提供阅读上的方便和视觉上的享受，所以说版式设计是图书设计的核心部分。

我们需要了解常见成书的组成、图书出版的流程以及改校时需要核心检查的地方，掌握图书设计时必须用到的各项功能，包括主页、样式、文本绕排和库的使用等。

2.1 图书版式设计基础知识

2.2 排版软件知识准备

2.3 了解生产任务

2.4 图书排版工作流程

2.5 任务实例

2.6 练习与拓展

2.1 图书版式设计基础知识

图书设计比较严谨，页眉、页脚、标题和标注等都要规范地设置和摆放。我们首先要了解常见成书的组成部分，包括封面、扉页、正文和辅文等。正文是书的主要组成部分，在设计时，各级标题要体现出层级关系，页眉、页脚不宜喧宾夺主，图文混排多采用斥文嵌入和串文旁置的方法。

一、书籍的组成

众所周知，一本书通常由封面、扉页、版权页、前言、目录、正文、后记、参考文献、附录等部分构成。

二、版面构成要素

版面指在书刊一面中图文部分和空白部分的总和，包括版心和版心周围的空白部分，即书刊一页纸的幅面。通过版面可以看到版式的全部设计，版面构成要素如图 2-1-1 所示。

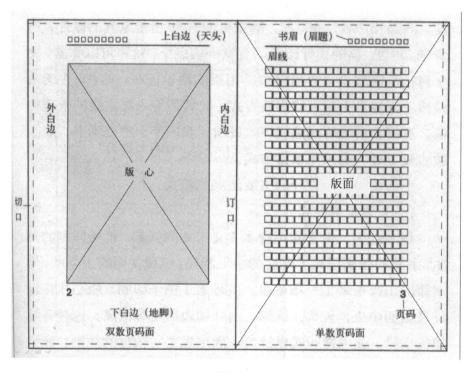

图2-1-1

版心。版心位于版面中央，是排有正文文字的部分。

书眉。排在版心上部的文字及符号统称为书眉。它包括页码、文字和书眉线。一般用于检索篇章。

页码。书刊正文每一面都排有页码，一般页码排于书籍切口一侧。印刷行业中将一个页码称为一面，正、反面两个页码称为一页。

注文。注文又称注释、注解，是对正文内容或对某一字词所作的解释和补充说明。排在字行中的称夹注，排在每面下端的称脚注或面后注、页后注，排在每篇文章之后的称篇后注，排在全书后面的称书后注。在正文中标识注文的号码称注码。

三、开本

版面的大小称为开本，开本以全张纸为计算单位，每全张纸裁切和折叠多少小张就称多少开本。我国习惯以几何级数来命名开本，如图 2-1-2 所示。

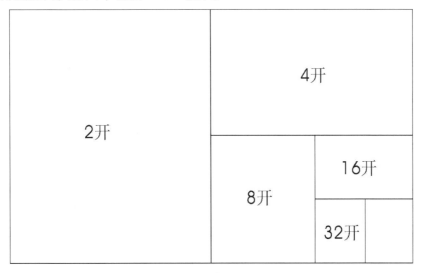

全开幅面

图2-1-2

国内生产的纸张常见大小主要有以下几种：

787×1 092 毫米平板原纸尺寸是我国当前文化用纸的主要尺寸，国内现有的造纸、印刷机械绝大部分都是生产和印刷此种尺寸的纸张。目前，东南亚各国还使用这种尺寸的纸张，其他国家和地区已很少采用了。

850×1 168 毫米的尺寸是在 787×1 092 毫米的基础上为适应较大开本需要生产的，这种尺寸的纸张主要满足比正度开本稍大一些的开本的需要，比如大 32 开的书籍就是用的这种纸张。

880×1 230 毫米的纸张比其他同样开本的尺寸要大，因此印刷时纸的利用率较高，形式也比较美观大方，是国际上通用的一种规格。

四、版心

书刊版心大小是由书籍的开本决定的，版心过小容字量减少，版心过大有损于版式的美观。一般字与字间的空距要小于行与行间的空距；行与行间的空距要小于段与段间的空距；段与段间的空距要小于四周空白。

版心的宽度和高度的具体尺寸要根据正文用字的大小、每面行数和每行字数来决定，而每面行数又受行距的影响。书刊的行间距一般空对开（1/2），也有 5/8、3/4 几种空法。

五、常用排版术语

（1）封面（又称封一、前封面、封皮、书面）。封面印有书名、作者姓名、译者姓名和出版社的名称。封面起着美化书刊和保护书芯的作用。

（2）封里（又称封二）。封里是指封面的背页。封里一般是空白的，但在期刊中常用它来印目录或有关的图片。

（3）封底里（又称封三）。封底里是指封底的里面一页。封底里一般为空白页，但期刊中常用它来印正文或其他正文以外的文字、图片。

（4）封底（又称封四、底封）。图书在封底的右下方印统一书号和定价，期刊在封底印版权页或用来印目录及其他非正文部分的文字、图片。

（5）书脊（又称封脊）。书脊是指连接封面和封底的书脊部。书脊上一般印有书名、册次（卷、集、册）、作者姓名、译者姓名和出版社名，以便于查找。

（6）书冠。书冠是指封面上方印书名文字的部分。

（7）书脚。书脚是指封面下方印出版单位名称的部分。

（8）扉页（又称里封面或副封面）。扉页是指在书籍封面或衬页之后、正文之前的一页。扉页上一般印有书名、作者或译者姓名、出版社名等。扉页也起到装饰作用，增加了书籍的美观。

（9）插页。插页是指凡版面超过开本范围的、单独印刷插装在书刊内的印有图或表的单页。有时也指版面不超过开本，纸张与开本尺寸相同，但用不同于正文的纸张或颜色印刷的书页。

（10）篇章页（又称中扉页或隔页）。篇章页是指在正文各篇、章起始前排的，印有篇、编或章名称的一面单页。篇章页插在双码之后，一般作暗码计算或不计页码。篇章页有时用带色的纸印刷来显示区别。

（11）目录。目录是书刊中章、节标题的记录，起到主题索引的作用，便于读者查找。目录一般放在书刊正文之前（期刊中因印张所限，常将目录放在封二、封三或封四上）。

（12）版权页。版权页提供图书版权说明、图书在版编目数据和版权记录等信息，位于扉页背面。

（13）索引。索引分为主题索引、内容索引、名词索引、学名索引、人名索引等多种。索引属于正文以外部分的文字记载，一般用较小字号双栏排于正文之后。索引中标有页码以便于读者查找。在科技书中索引作用十分重要，它能使读者迅速找到需要查找的资料。

（14）版式。版式是指书刊正文部分的全部格式，包括正文和标题的字体、字号、版心大小、通栏、双栏、每页的行数、每行字数、行距及表格、图片的排版位置等。

（15）版心。版心是指每面书页上的文字部分，包括章、节标题、正文以及图、表、公式等。

（16）版口。版口是指版心左右上下的极限，在某种意义上即指版心。严格地说，版心是以版面的面积来计算范围的，版口则以左右上下的周边来计算范围。

（17）超版口。超版口是指超过左右或上下版口极限的版面。当一个图或一个表的左右或上下超过了版口，则称为超版口图或超版口表。

（18）直（竖）排本。直排本是指翻口在左，订口在右，文字从上至下，字行由右至左排印的版本，一般用于古书。

（19）横排本。横排本就是翻口在右，订口在左，文字从左至右，字行由上至下排印的版本。

（20）刊头。刊头又称"题头""头花"，用于表示文章或版别的性质，也是一种点缀性的装饰。刊头一般排在报纸、杂志大标题的上边或左上角。

（21）破栏。破栏又称跨栏。报纸、杂志大多是分栏排的，这种在一栏之内排不下的图或表延伸到另一栏去而占多栏的排法称为破栏排。

（22）天头。天头是指每面书页的上端空白处。

（23）地脚。地脚是指每面书页的下端空白处。

（24）暗页码。暗页码又称暗码，是指不排页码而又占页码的书页。一般用于超版心的插图、插表、空白页或隔页等。

（25）页。页与张的意义相同，一页即两面（书页正、反两个印面）。应注意另页和另面的概念不同。

（26）另页起。另页起是指一篇文章从单码起排（如论文集）。如果第一篇文章以单页码结束，第二篇文章也要求另页起，就必须在上一篇文章的后一面留出一个双码的空白面，即放一个空码，每篇文章要求另页起的排法多用于单印本印刷。

（27）另面起。另面起是指一篇文章可以从单、双码开始起排，但必须另起一面，不能与上篇文章接排。

（28）表注。表注是指表格的注解和说明。一般排在表的下方，也有的排在表框之内，表注的行长一般不超过表的长度。

（29）图注。图注是指插图的注解和说明。一般排在图题下面，少数排在图题之上。图注的行长一般不超过图的长度。

（30）背题。背题是指排在一面的末尾，并且其后无正文相随的标题。排印规范中禁止背题出现，当出现背题时应设法避免。解决的办法是在本页内加行、缩行或留下尾空而将标题移到下页。

六、校对符号

校对符号是用来标明版面上某种错误的记号，是编辑、设计、排版、改版、校样、校对人员的共同语言。排版过程中错误是多种多样的，既有缺漏需要补入、多余需要删去、字体字号有错误需要改正，又有文字前后颠倒、侧转或倒放需要改正等。不同情况对应不同的校对符号，有关人员看到相应符号，就知道是某种错误并会作相应处理，能节约时间和提高工作质量。下表是根据国家标准（GB/T14706—93）列出的常用校对符号的种类、样式以及用法。

校对符号名称及用法举例

编号	符号形态	符号作用	符号在文中和页边用法示例	说　明
			一、字符的改动	
1		改　正	增高出版物质量。（提） 改革开放（放）	改正的字符较多，圈起来有困难时，可用线在页边画清改正的范围 必须更换的损、坏、污字也用改正符号画出
2		删　除	提高出版物物质量。	
3		增　补	要搞好校工作。（对）	增补的字符较多，圈起来有困难时，可用线在页边画清增补的范围
4		改　正 上下角	$16 = 4$　　H_2SO_4　 尼古拉费欣 $0.25 + 0.25 = 0.05$ 举例$2 \times 3 = 6$ $X \times Y = 1:2$	

（续表）

编号	符号形态	符号作用	符号在文中和页边用法示例	说　　明
二、字符方向位置的移动				
5		转　正	字符颠重要转正。	
6		对　调	认真经验总结 认真验结经总	用于相邻的字词 用于隔开的字词
7		接　排	要重视校对工作， 提高出版物质量。	
8		另起段	完成了任务。明年……	
9		转　移	校对工作，提高出 版物质量要重视。 ″。以上引文均见中文新版 列宁全集》。 编者　年　月 各位编委：	用于行间附近的转移 用于相邻行首末衔接字符的推移 用于相邻页首末衔接行段的推移
10	或	上下移	序号｜名称｜数量 01｜显微镜｜2 正	字符上移到缺口左右水平线处 字符下移到箭头所指的短线处
11	或	左右移	要重视校对工作，提高出版物质量。 3 4 5 6 5 欢呼　歌唱	字符左移到箭头所指的短线处 字符左移到缺口上下垂直线处 符号画得太小时，要在页边重标
12		排　齐	校对工作非常重要 必须提高印刷质量，缩短印制周期。 国家标准	
13		排阶梯形	RH₂	
14		正　图		符号横线表示水平位置，竖线表示垂直位置，箭头表示上方

（续表）

编号	符号形态	符号作用	符号在文中和页边用法示例	说　　明
三、字符间空距的改动				
15	⋁ ⟩	加大空距	←　一、校对程序　→　⋁ 校对胶印读物、影印 书刊的注意事项：　⟩	表示在一定范围内适当加大空距 　横式文字画在字头和行头之间
16	⋀ ⟨	减小空距	二、校对程　序　⋀ 校对胶印读物、影印 书刊的注意事项：　⟨	表示不空或在一定范围内适当减小空距 　横式文字画在字头和行头之间
17	⧻ ⧺ ⧼ ⧽	空　1　字距 空 1/2 字距 空 1/3 字距 空 1/4 字距	第一章校对职责和方法 1. 责任校对	多个空距相同的，可用引线连出，只标示一个符号
18	Ⴤ	分　开	Good morning	用于外文
四、其　　他				
19	△	保　留	认真搞好校对工作。	除在原删除的字符下画△外，并在原删除符号上画两竖线
20	○ =	代　替	兰色的程度不同，从淡兰色到深兰色具有多种层次，如天兰色、湖兰色、海兰色、宝兰色 　　　　　○ = 蓝	同页内有两个或多个相同的字符需要改正的，可用符号代替，并在页边注明
21	○ ○ ○	说　明	改黑体 第一章　校对的职责	说明或指令性文字不要圈起来。在其字下画圈，表示不作为改正的文字。如说明文字较多时，可在首末各三字下画圈

使用要求：

（1）校对校样，必须用彩色笔（墨水笔、圆珠笔等）书写校对符号和示意改正的字符，但是不能用灰色铅笔书写。

（2）校样上改正的字符要书写清楚。校改外文，要用印刷体。

（3）校样中的校对引线要从行间画出。墨色相同的校对引线不可交叉。

七、排版规则

正文排版规则

1. 正文版式设计规则

一个高级的编辑和排版人员不仅要学会如何排版，而且要学会如何将版面排得美观、漂亮。要想达到这一目标首先必须了解正文版式的设计。

书刊正文必须按照书刊的内容进行设计，不同性质的刊物应该有不同的特点。政治性的刊物，要端庄大方；文艺性的刊物，要清新高雅；生活消遣性的刊物，要活泼鲜亮。面向不同对象的刊物，技术上也要作不同的处理。例如，给儿童看的书要字大行疏，即采用疏排的方法；给青年人看的书可字小行密。杂志中不同的文章最好字体有所变化，尤其在设计版式及标题时更要注意，比较重要的文章标题要排得十分醒目。

2. 正文的排版类型

书刊正文排版基本上可以分为以下几类：

（1）横排和直排。横排的字序是自左而右，行序是自上而下；直排的字序是自上而下，行序是自右而左。

（2）密排和疏排。密排是字与字之间没有空隙的排法，一般书刊正文多采用密排；疏排是字与字之间留有一些空隙的排法，大多用于低年级教科书及通俗读物，排版时应放大行距。

（3）通栏排和分栏排。通栏就是以版心的整个宽度为每一行的长度，这是书籍常用的排版方法。有些书刊，特别是期刊和开本较大的书籍及工具书，版心宽度较大，为了缩短过长的字行，正文往往分栏排，有的分为两栏（双栏），有的三栏，甚至多栏。

3. 正文的排版要求

正文排版必须以版式为标准，正文的排版要求如下。

（1）每段首行必须空两格，特殊的版式作特殊处理。

（2）每行之首不能是句号、分号、逗号、顿号、冒号、感叹号等以及引号、矩阵号等的后半个。

（3）非成段落的行末必须与版口平齐，行末不能排引号、括号、模量号以及矩阵号等的前半个。

（4）双栏排的版面，如有通栏的图、表或公式时，则应以图、表或公式为界，其上方的左右两栏的文字应排齐，其下方的文字再从左栏到右栏接续排。在章、节或每篇文章结束时，左右两栏应平行。行数成奇数时，则右栏可比左栏少排一行字。

（5）在转行时，下列各项不能分拆：

① 整个数码；

② 连点（两字连点）、波折线；

③ 数码前后附加的符号（如 95%，−35℃，×100，∼50 等）。

4. 正文排版应注意的问题

在正文排版中应严格遵循忠实于原稿的原则。对于一些未经过编辑加工或编辑加工较粗的稿子中出现的一些明显的上下文不统一的特殊情况可以随手将其统一。例如："在××事件中，直接参与者占 34%，间接参与者占百分之十……"这句话中出现的"34%"和"百分之十"的写法上的不统一。在科技文章中，应将其统一为阿拉伯数字。

如果原稿为手写稿，某些符号难以分辨，例如中文中的顿号、句号、小数点常常随手点上一个含糊不清的黑点，这时就要求排版人员按照排版的规范来区分。

在科技书籍中，汉字之后句号一般用圆圈，但有些书籍(如数学方面的)因圈点容易与下角标数码"0"或英文小写字母"o"相混，为了有所分辨，常采用黑点作外文、数字及数学式的句号。

中文序码后习惯用顿号，如"五、"。阿拉伯数码后习惯用黑脚点，如" 5."，不要用顿号。外国人名译名的间隔号处于中文后时用中圆点，如：弗·阿·左尔格；处于外文后时应用下脚点，如：弗·A.左尔格。当然，在全是外文的外国人名中自然要按照国际习惯用下脚点，如 F.A.Sorge。

省略号在中文中用六个黑点"……"，在外文和公式中用三个黑点"…"来表示。

文字或数字、符号之间的短线，应根据原稿的标注来确定短线的长短。在没有标注的情况下。范围号用一字线(稿纸上占一格)，例如，54% — 94%，但也可用"～"。破折号用"两字线"，例如，机组——发电机和电动机。短横线用于化合物的名称、表格或插图的编号、连接号码等，例如，参见表 3-2。

5. 目录的排版要求

目录的繁简随正文而定，但也有正文章节较多而目录较简单的情况。对于插图或表格较多的书籍，也可加排插图目录或表格目录。

目录字体，一般采用书宋，偶尔插入黑体。字号大小一般为五号、小五号、六号。目录版式应注意以下事项：

（1）目录中一级标题顶格排（回行及标明缩格的例外）；

（2）目录常为通栏排，特殊的用双栏排；

（3）除期刊外，目录题上不冠书名；

（4）篇、章、节名与页码之间（单篇论文集或期刊为篇名与作者名之间）加连点。如遇回行，行末留空三格（学报留空六格），行首应比上行文字退一格或二格；

（5）目录中章节与页码或作者名之间至少要有两个连点，否则应另起一行排。

（6）非正文部分页码可用罗马数字，而正文部分一般均用阿拉伯数字。章、节、目如用不同大小字号排时，页码亦用不同大小字号排。

6. 页码、书眉的排版要求

（1）页码

书页中的奇数页码叫单页码，偶数页码叫双页码。单、双页在版式处理上的关系很大。通常页码在版口居中或排在切口，一般在书页的下方，单页码放在靠版口的右边，双页码放在靠版口的左边。期刊的页码可放在书页上方靠版口的左右两边。辞典之类书籍的页码，可居中排在版口的上方或下方。

封面、扉页和版权页等不排页码，也不占页码。篇章页、超版口的整页图或表、整面的图版说明及每章末的空白页不排页码，但以暗码计算页码。

（2）暗码

篇章页、整面的超版口（未超开本的）的图、表及章末的空白页等都用暗码计算页码。空白页的页码也叫"空码"。校对时暗码（包括空码）必须标明页码顺序。

（3）书眉

横排页的书眉一般位于书页上方。单码页上的书眉排节名、双码页排章名或书名。校对中单双码有变动时，书眉亦应作相应的变动。

未超过版口的插图、插表应排书眉，超过版口（不论横超、直超）则一律不排书眉。

7. 标点排版规则

目前，标点符号大体有以下几种排法：

（1）全角式（又称全身式）。在全篇文章中除了两个符号连在一起时，前一符号用对开外，所有符号都用全角。

（2）开明式。凡表示一句结束的符号（如句号、问号、叹号、冒号等）用全角外，其他标点符号全部用对开。目前大多出版物用此法。

（3）行末对开式。这种排法要求凡排在行末的标点符号都用对开，以保证行末版口都在一条直线上。

（4）全部对开式。全部标点符号（破折号、省略号除外）都用对开版。这种排版多用于工具书。

（5）竖排式。在竖排中标点一般为全角，排在字的中心或右上角。

（6）自由式。一些标点符号不遵循排版禁则，一般在国外比较普遍。

标点符号的排法，在某种程度上体现了一种排版物的版面风格，因此，排版时应仔细了解出版单位的工艺要求。目前标点符号排版规则主要有：

① 行首禁则（又称防止顶头点）。在行首不允许出现句号、逗号、顿号、叹号、问号、冒号、后括号、后引号、后书名号。

② 行末禁则。在行末不允许出现前引号、前括号、前书名号。

③ 破折号。"——"和省略号"……"不能从中间分开排在行首和行末。

一般采用伸排法和缩排法来解决标点符号的排版禁则。伸排法是将一行中的标点符号加开些，伸出一个字排在下行的行首，避免行首出现禁排的标点符号；缩行法是将全角标点符号换成对开的，缩进一行位置，将行首禁排的标点符号排在上行行末。

标题排版规则

1. 标题的结构

标题是一篇文章核心和主题的概括，其特点是字句简明、层次分明、美观醒目。

书籍中的标题层次比较多，有大、中、小之别。书籍中最大的标题称之为一级标题，其次是二级标题、三级标题等。如果书中最大的标题是章，则一级标题从章开始，二级是节，三级是目。大小标题的层次，表现出正文内容的逻辑结构，通常采用不同的字体、字号来加以区别，使全书章节分明、层次清楚，便于阅读。

2. 标题的字体、字号

（1）标题的字体应与正文的字体有所区别，既美观醒目，又与正文字体协调。标题字和正文字如为同一字体，标题的字号应大于正文。

（2）标题的字体字号要根据书刊开本的大小来选用。一般说来，开本越大，字号也应越大。16 开版面可选一号字或二号字做一级标题，32 开版面可选用二号字或三号字做一级标题。

（3）应根据一本书中标题分级的多少来选用字号。多级标题的字号，原则上应按部、篇、章、节的级别逐渐缩小。常见的排法是：大标题用二号或三号，中标题用四号或小四号，小标题用与正文相同字号的其他字体。

3. 标题的字距、占行和行距

在排版中，所有标题都必须是正文行的倍数。

标题所占位置的大小，视具体情况而定。篇幅较多的经典著作，正文分为若干部或若干篇，部或篇的标题常独占一页，一般书籍另面起排的一级标题，所占位置要大些，约占版心的 1/4。横排约占正文的六至七行，上空 3—4 行；下空 2—3 行。接排的一级标题占 4—5 行；二级标题约占 2—3 行；三级标题约占 1—2 行。如一、二级标题或一、二、三级标题接连排在一起时，除上空不变外，标题和标题之间的行距要适当缩小。

标题在一行排不下需要回行时，题与题之间二号字回行行间加一个五号字的高度；三号字行间加一个六号字的高度；四号字以下与正文相同。

4. 标题排版的一般规则

（1）题序和题文一般都排在同一行，题序和题文之间空一字。

（2）题文的中间可以穿插标点符号，以用对开的为宜。题末除问号和叹号以外，一般不排标点符号（数、理、化书刊的插题可题后加脚点）。

（3）每一行标题不宜排得过长，最多不超过版心的五分之四，排不下时可以转行，下面一行一般比上面一行应略短些，同时应照顾语气和词汇的结构，不要故意割裂。词句不能分割时，也可下行长于上行。有题序的标题在转行时，次行要与上行的题文对齐；超过两行的，行尾也要对齐（行末除外）。

（4）节以下的小标题，一般不采用左右居中占几行的办法，改为插题，采用与正文同一号的黑体字排在段的第一行行头，标题后空一字，标题前空两字。

（5）标题以不与正文相脱离为原则。标题禁止背题，即必须避免标题排在页末与正文分排在两面的情况。各种出版物对背题的要求也有所不同。有的出版要求二级标题下不少于 3 行正文，三级标题不少于一行正文。没有特殊要求的出版物，二、三级标题下应不少于一行正文。

避免背题的方法是把上一面（或几面）的正文缩去一行，同时把下一面的正文移一行上来；或者把标题移到下一面的上端，同时把上一面（或几面）的正文扩出几行补足空白，如实在不能补足，上一面的末端有一行空白是允许的。

5. 标题的排版方法

标题的排版要求排出的标题层次分明、美观醒目。标题所用的字号，应大于正文（如采用同号字，则以字体来区别，但绝不能采用小于正文的字号）。为了使标题醒目，往往采用空行（在标题上下加大空距）和占行（采用大于正文字号，多占一些位置）的排版方法。期刊上除了正标题外，有时还有副标题，标题的常用版式的排版方法（竖排标题、双跨单标题从略）如下：

（1）居中标题：这种标题用得最多，既可有序数或篇章序数，也可没有序数或篇章序数。它的版式有以下几种：

① 无序数或无篇章序数，如图 2-1-3 所示。

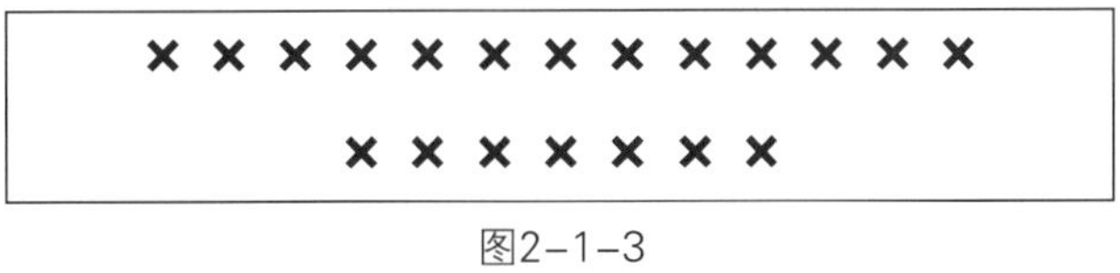

图2-1-3

② 有章节序数，转行居中，如图 2-1-4 所示。

图2-1-4

③ 有章节序数，转行齐题名，如图 2-1-5 所示。

图2-1-5

（2）边题：边题通常有两种排法。其一是顶格排，边题占正文两行位置；其二是缩进两格排，只占一行位置。

（3）段首标题：标题与正文一样缩进两格排，题后加排句号，空一格接排正文；若题后不加句号，则空两格或一格接排正文。

（4）提示标题：提示标题亦称窗式标题，其特点是如同在文中开一个窗户。如图 2-1-6 所示。

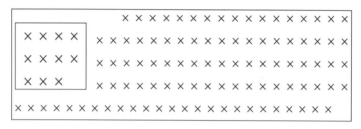

图2-1-6

插图的排版规则

以文字为主的书刊版面中的图称为插图。书刊中的插图是书刊版面的重要组成部分，是为了弥补文字的不足，能够直观、形象地说明问题，使读者能够获得更深刻的印象。在激光照排的排版工艺中，插图有两种排法，一种是留出图空人工拼图；另一种是图片、文字同时排版，图文合一后输出。

1. 插图的分类

按插图的性质，可将其分为线条图和照片等。在书刊中一般图和照片采用统一编号的方式。

按插图相对位置来分，插图可分为串文图（卧文图）和非串文图（非卧文图）。

按插图所占的版面来分，插图可分为：① 单面图，即可排在一面的版心内的插图；② 跨页图，又称为合页图，即采用双码跨单码的方法分排在同一视面的两面内的插图；③ 插页图，即超出开本尺寸而需用大于开本的纸印刷，并且作为插页的插图。

按版心尺寸来分，插图可分为版内图（不超过版心）、超版心图（超过版心尺寸但小于开本的图）和出血图。出血图多用于美化版面的书刊（文艺画册、少儿读物等）。图版的一边或双边超出开本，经裁切后不留白边，这种图称为出血图。

按插图颜色来分，可分为黑白图和彩色图。一般书刊采用黑白图，而画册和科技书刊中某些有特殊要求的插图则采用彩色图。

按插图跨栏与否来分，插图可分为短栏图、通栏图（穿堂式图）以及跨栏图（破栏图）。

2. 插图的文字说明

插图的文字说明包括字符、图序、图名和图注四部分。

（1）字符是注解文字和标识符号的简称。如果图中的字符太多，以致图中容纳不下时或虽容纳得下却有碍雅观时，可以把有关字符数字予以编码，然后把有关字符按顺序移到图注的位置上。

（2）图序又称图号、图码。图序是对插图按顺序进行编码的一种序号。正文中的图统一用阿拉伯数字表示，并且分别称为图1、图2……；英文版的图序用Fig.1、Fig.2……表示。对于科技图书，如果每一篇（章）的插图较多，可按每一篇（章）独立编码。编码方法是在图序的数字前加上某篇（章）的序码，篇（章）号与图号用一个二分下脚点或短横线隔开。如图3-5、图3.5、Fig3.5。图序的末尾一律不加标点符号。即使图序的后面有图名，也只能在图序与图名之间加一个空格隔开。

（3）图名即图的名称。习惯上把图序和图名总称为图题。图名置于图序之后，两者之间空一格。图名应简洁而准确地表达图的主题，一般以不超过15个字为宜。图名较长时，其间允许有逗号、顿号等标点符号，但图名末尾一律不加标点符号。

（4）图注又称图说，它是对图的注释性说明。图注常用来说明图形中字符含义。图注应排在图题的下方。图注的末尾也不加标点符号。

3. 图序、图名和图注及其版式

图序、图名和图注必须排在图的正下方。如果正文排五号字，图形、图序和图名之间应加一个五号对开条；图名或图注需要转行时，图名行间或图注行间用五号四分条隔开。对于通栏排的图，图左、图右至少各加一个五号全身空；对于串文图，图与文字之间加一个五号全身空隔开。

图序、图名和图注必须采用比正文小的字号排版，一般是图序、图名用小五号，图注用六号字。如果两者用同种字号，则图序与图名用黑体，图注用宋体，以求醒目。图序、图名和图注都应如图2-1-7所示左右居中排。

图2-1-7

因版面关系，有的短栏图或跨栏图的图序、图名和图注也可以排在图的右方。

4. 插图与正文的关系

通常正文中的插图应排在与其有关的文字附近，并按照先看文字后见图的原则处理，文图应紧紧相连。如有困难，可稍前后移动，但不能离正文太远，只限于在本节内移动，不能超越节题。图与图之间要适当排三行以上的文字，以做间隔，插图上下避免空行。版面开头宜先排三至五行文字后再排图。若两图比较接近可以并排，不必硬性错开而造成版面零乱。总之，插图排版的关键是在版面位置上合理安排插图，插图排版既要使版面美观，又要便于阅读。常用插图排版的基本原则和图文处理办法如下：

（1）先文后图的处理原则

① 图随正文的原则是插图通常排在一段文字结束之后，不要插在一段文字的中间，从而切断文章影响读者阅读。一般在各种科技书籍中都有各种大小不同的插图。在安排插图时，必须遵循图随文走，先见文、后见图，图文紧排在一起的原则。图不能跨章、节排。通栏图一定要排在一段文字的结束之后，不要插在一段文字的中间使文章中间切断而影响阅读。

② 当插图宽度超过版心的 2/3 时，应把插图左右居中排，两边要留出均匀一致的空白位置，并且不排文字。即当插图的宽度超过版心的 2/3（一般 32 开串文在 8 个五号字以下；16 开版串文在 10 个五号字以下）时，插图不串文字且居中排通栏。在特殊情况下，如有些出版物版面要求有较大的空间，即使图较小，也要排通栏。而多数期刊则要求充分使用版面，4 个字以上即可串文。辞典等工具书，为了节约篇幅，一般不留出空白边，图旁要尽量串文。

③ 当插图宽度小于三分之二时，一般的排版原则是插图应靠边排（图旁排有正文文字，故称卧文图、串文图或盘文图）。如果在一面上只有一个图，图应放在切口的一边；如果有两个图，图应对角交叉排，上图排在切口，下图排在订口，上下两图之间必须排有两行以上的通栏文字；如果有三个图，则应作三角交叉排，即将第一图及第三图排在切口，第二图排在订口。也可将一、二图并列排通栏，第三图排在切口。除了一般的排法外，有些书有特殊的要求，则应按照出版社规定的版面设计的要求来排。例如，有些书要求不论单、双面一律将图靠版右侧排。

如果不受版面空间的限制，应尽量避免把插图排在版头和版尾上，也不要把串文图排在版心的四角处；尽量做到版头版尾各有两行通栏长文，再排插图。这样，不仅版心四边整齐不秃（光）头，而且也便于版面的改动。

④ 串文图的三面都有文字，当排串文图时，图与正文之间的留空应不小于一个正文字的宽度。最少不得少于正文行距的宽度。

⑤ 分栏排版插图在版心中置放的一般原则是小插图应排在栏内，大插图则可以破栏排，即在分栏式的版面中，小插图可排在每栏的左边或右边。若同一面上有两个小插图时，应交叉排；若图幅超过一栏而不够通栏时，则应跨栏排；若排中间插图（天窗式）或通栏图时，最好是居中偏上一些，这样比较美观。

⑥ 出血图。出血图是插图版的一边或几边超出成品尺寸，印刷成书时，在插图图版的切口处要切去 2-3mm。排出血图的目的是为了美化版面，同时还可使画面适当放大，便于欣赏。这种版面在期刊、画册及儿童读物中使用较多，可避免版式呆板单调，提高读者阅读兴趣。排出血图时，应当了解该书的成品尺寸，一般以超过切口 3mm 为宜。

⑦ 超版口图。超版口图是指边沿超出版心宽度而又小于图书成品尺寸的图版。超版口可以是一边超出，也可以是两边、三边或四边超出。超版口图在成品裁切时，以不切去图为标准。因此，为保证图面的完整，图的边沿距离切口应不小于 5mm。超版口图如果占去书眉和页码的位置时，该版可不排书眉和页码。

使用超版口图有两种情况，一种是为了美化版面而有意设计成超版口图，另一种是由于图幅较大，而不得不采用超版口的方法来解决。有意设计的超版口图，多排在切口一边的上角或下角。

⑧ 较大插图图版的处理方法。当插图幅面较大，而采用超版口图又不能解决时，还可采用以下方法：

a. 卧排法：将图按顺时针方向旋转 90° 排于版心。

b. 跨版法：将图分两部分，跨排在两版上，但应对齐。

c. 图注转版法：如果图本身能排在一个版面内，而无图注位置时，可将注文排在下一面上。

（2）先图后文的灵活处理

① 一般正文从上一面转到下一面，按照先文后图的原则，图应排在下一面这一段文字结束之后。但如果造成插图与正文脱节时，就必须灵活处理，把图排在有关文字之前，即图排在上一面行末，文排在下一面之首。

在实际排版中图和相应的正文难以靠近时，可采取以下方法灵活处理：

a. 当正文排到版下角，恰巧遇到插图，同一面上已没有空间，则会出现若先排图，正文会排到下一面；先排正文，图就要排到下一面。在这种情况下，如果这两版是对照版（双码跨向单码），即不需要翻页就可看到图和正文，则可以接排。当从单码跨向双码时，就应尽量避免图文分离过远。

b. 插图一般不能跨节排，出现插图跨节排时，应设法调整。比较难处理的情况有两种：其一是本面版末图排不下时，如果将图排在下页，就可能出现跨节现象。这时应将图排在本面版末，而将本节的几行正文排到下一面上。其二是当串文图较长时，在串文部分出现节题。这种情况一般很难用其他方法调整解决，而只能将节题排在串文处。

② 一段正文若有很多插图时，必须严格按照图的次序排版，几个图最好排在同一面上，如果一面排不下而必须转面，则可以使部分图放在正文前，部分图排放在正文后及下一面。

③ 如果插图很多，又比较集中，而且图的宽度已超过版心的 1/2，无法拼排时，图最好居中排。

④ 转面时应该先排正文，后排图。如果两个图在一版上正排放不下时，可以将两图卧排。

5. 图题和图注的排法

（1）图题。包括图序和图名两个部分。图序和图名一般用比正文小一号的字排版。如果正文为宋体五号字，图题用宋体小五号，图注用宋体六号；有时图题用黑体小五号，图注用宋体小五号。

（2）图注。图的文字说明部分。图注一般有两种，一种是当图由几个小图组成时，图注的目的是分别说明几个小图的名称或内容；另一种是为了说明一个图的各个构成部分，一般是在图上用数字或字母表示，而在注文中，排上数字（或字母）和相应的注文。

（3）图题和图注的排法。

① 在图题和图版之间以及在图题和图注之间留空的大小，以力求美观为主，规定不一。图题和图版、图题与图注之间一般都各空五号对开。若图题或图注过长，必须转行时，图题行间空六号对开，图注行间空五号四分行距。

② 图题和图注在图下居中排。

③ 图题与图注的长度一般应不超过图的宽度。当图注过多或由于版面位置有限时，图题和图注的宽度可以超过图宽。图题如果较长，必须转行时，第二行可根据设计要求采用题文对齐排或居中排。上下两行的字数长短要分均匀，不宜相差过多，最好是第二行短于第一行。图注转行在两行上，第二行起可齐头排，最后一行可采用齐头排和居中排两种形式。字数最好也要分均匀，不能太短。图注有时也采用分栏排，但每栏的序码必须对齐。

外文排版规则

1. 外文大、小写字母的使用

一般情况下，外文字母常用小写表示，但在下列情况下应大写。

（1）每个段落的段首字母，每句话的句首字母均用大写字母，人称代词 I 永远是大写。例如，That is a best song that I have ever heard（那是我所听到的最好听的一首歌）。

（2）人名中的姓、名、父名的首字母应大写（其中：复姓应连写，其首字母大写；双名可连写或用连字符连接，其第一个字的首字母大写）。例如，Hongbing Li（李红兵）。

（3）地名、建筑物名称、朝代名称中属专有名词部分，其实词的首字母应大写。例如，Shanghai（上海）。

（4）国家、国际组织、国际会议、条例、文件、机关、党派、团体以及学校等名称中，其首字母应大写。例如，the People's Republic of China（中华人民共和国）。

（5）参考文献表中的篇名的首词首字母应大写，其余字母一律小写（但其中的专有名词的首字母应大写）。例如，R·A·Ulichney Digital Halftone The MIT Press。

（6）报纸、书刊名称中的实词首字母应大写（缩写词亦同）。例如，*the People's Daily*（《人民日报》）。

（7）为了突出主题，有时书刊的标题、章节名称等也可全部用大写字母表示。

（8）缩写字母一般用大写，例如，ISO（International Standardization Organization，国际标准化组织）。

（9）月份的首字母应大写，例如，October（十月），May（五月）。

（10）在外文书籍中，一些短小标题或作者姓名经常采用不同字号的大写字母表示。例如，VOCABULARY（词汇表），QING ZHANG（张青）。

2. 外文字体的应用

（1）白正体的应用。

① 化学元素符号应排成正体，并注意大小写的区分。例如，H_2O、CO、Fe。

② 温度符号应排成大写正体。例如，℃、K。

③ 用拉丁字母表示的物理量单位。例如，m、dm、cm、kg。

④ 代表形状的符号应用大写正体。例如，T 形、U 形、V 形。

⑤ 计算机程序和指令。例如，If value=0 Then。

⑥ 国际标准代号，如 ISO（国际标准），ISO/R（国际推荐标准）；国家标准代号 GB；国家专业标准代号 ZB；部颁（行业）标准代号，如 JY、WH、KY 等；企业标准代号 Q。

⑦ 国名、地名、人名，例如，China（中国），New York（纽约），Einstein（爱因斯坦）。

⑧ 仪器、元件、样品等的型号，例如 X–Y 记录仪、8mm GUNN 振荡器、1LSM–15 催化剂等；实验编号、试样编号，例如，Ⅰ–1、Ⅱ–2 等。

⑨ 外文书名、篇名。例如，Digital halftone。

（2）白斜体的应用。

① 用外文字母代表的物理量，例如，*m*（质量）、*F*（力）、*p*（压力）、*W*（功）、*v*（速度）、*Q*（热量）、*E*（电场强度）等。

② 无量纲参数，例如，*Ma*（马赫数）、*Re*（雷诺数）等。

③ 正文中用于表示重点句的用斜体。

（3）黑正体的应用。

① 用于表示书名或突出主题。

② 在没有等线体的情况下，也有用黑正体代表张量（但属于非规范情形），例如，S. T. 等。

（4）黑斜体的应用。

① 矢量的印刷形式用黑斜体，手写的原稿一般在字母上方加上一个箭头。

② 张量的印刷形式用方头黑斜体（即一种等粗笔画且没有棱角的黑斜体）表示，手写原稿一般在字母上方加两个箭头。

3. 外文回行的基本规则

一个外文单词在上行末尾排不下，需分拆一部分移至下一行行头，叫外文回行，或称断句。而掌握以下外文的元辅音基础知识是准确地进行断句的必要条件。

外文中有 5 个元音 : a、e、i、o、u；有 1 个半元音 : y。

辅音共 20 个 : b、c、d、f、g、h、j、k、l、m、n、p、q、r、s、t、v、w、x、z。

双元音 : au、ou、io、oy、(ee、oo)。

双辅音 : ch、ck、dr、ds、gh、gk、ng、nk、ph、sh、sp、st、tr、ts (ss)。

回行的基本规则如下 :

（1）两个元音中有一个辅音，把辅音分到后边。

例如，pupil 可分成 pu–pil，peking 可分成 pe–king 等。

（2）两个元音中间有两个辅音，要从两个辅音中间分开。

例如，office 可分成 of–fice，morning 可分成 mor–ning 等。

（3）两个元音在一起，不要分开。

例如，book、door 等。

（4）两个相同的辅音相连时，移行一般应分开。

例如，tallow 可分成 tal–low，success 可分成 suc–cess 等。

（5）双辅音两个字母不能分开。

例如，ch、th、sh、ng、nk 等。

（6）元音的 e 不发音，不能作一个音节来移行。

（7）对于合成词,只能在两词交接处转行。例如,classroom 只能转排成 class–(上行行末)和 room(下行行首)。有些合成词本身就带有连字符，这时，只能在原有的连字符处转行，并保持原词的一定含义。例如，editor-in-chief (总编辑) 一词，虽可分解为 ed-tor-in-chief，但只能转为 editor- (上行行末)和 in-chief (下行行首)。而不能转排为 editor-inchief，或 edi- 和 tor-in-chief，或 editorin- 和 chief 等。例如，drinking-water 等。

在回行时还应注意 :

（1）单音节的词不可断句回行。例如，have、light、am。

（2）英语单词的转行，只能在同一面内的某一段落中进行，而不能以转行词作为段落的结尾，即每一段落的最后一个词是不能转行的。也不允许把一个词转排在两个版面上。若出现以上情况，则一律采用整词转行。

（3）排版时，若上行行末和下行行首仅有一或二个字母，则应通过统行把这一或二个字母移到下行去，变为整词转行或者把这一、二个字母都挤排在同一行内，形成不转行的版面。必要时，也可在上行的行末或下行的行首处增加一个音节。例如，u-ni-ver-si-ty 一词，不能排为 u- 和 niversity 或 universi- 和 ty，而可排为 university，或排为 uni- 和 versity，或 univer- 和 sity。

（4）避免缩写专用名词断句回行。

（5）被拆开的词必须放置连接符，并应放置在上行的行末，不可放置在回行的行首。

表格排版规则

表格的排版尤其是系统表，是排版技术中一项比较复杂的工作。操作时必须掌握熟练的技巧，才能使排出的表格美观、醒目。

1. 表格的分类及组成

表格简称为表。它是试验数据结果的一种有效表达形式。表格的种类很多，从不同角度可有多种分类法。

按其排版方式划分，表格可分为书刊表格和零件表格两大类。书刊表格如数据表、统计表以及流程表等，零件表格如考勤表、工资表、体验表、发票以及合同单等。

按其结构形式划分，表格可分为横直线表、无线表以及套线表三大类。用线作为栏线和行线而排成的表格称为横直线表，也称卡线表；不用线而以空间隔开的表格称为无线表；把表格分排在不同版面上，然后通过套印而印成的表格称为套线表。在书刊中应用最为广泛的是横直线表。

普通表格一般可分为表题、表头、表身和表注四个部分。其中表题由表序与题文组成，一般采用比正文小一字号的黑体字排。表头由各栏头组成，表头文字用比正文小 1—2 个字号排。表身是表格的内容与主体，由若干行、栏组成，栏的内容有项目栏、数据栏及备注栏等，各栏中的文字要求比正文小 1—2 个字排版。表注是表的说明，要求采用比表格内容小 1 个字号排版。

表格中的横线称为行线,竖线称为栏线,行线和栏线均排正线。行线之间称为行,栏线之间称为栏。每行的最左边一行称为行头，每栏最上方一格称为栏头。行头所在的栏称为（左）边栏、项目栏或竖表头，即表格的第一栏；栏头是表头的组成部分，栏头所在的行称为头行，即表格的第一行。边栏与第二栏的交界线称为边栏线，头行与第二行的交界线称为表头线。

表格的四周边线称为表框线。表框线包括顶线、底线和墙线。顶线和底线分别位于表格的顶端和底部；墙线位于表格的左右两边。由于墙线是竖向的，故又称为竖边线。表框线均应排反线。一般的表格可不排墙线。

表格排版的版式应注意以下几个问题：

（1）表格尺寸的大小受版心规格的限制，一般不能超出版心。

（2）表格的上下尺寸应根据版面的具体情况进行调整。

（3）表内字号的大小应小于正文字号,在科技书籍和杂志中表格文字多采用六号，有时也用小五号。

（4）表格的风格、规格（表格的用线、表头的形式、计量单位等）应力求全书统一。

2. 表序、表名和表注及其版式

表序又称表号、表码，是指表格的编号次序。表序一律用阿拉伯数字表示。表序可写为表 1，表 2，而不要写成第 1 表，第二表。英文表序可写为 Table 1、Table 2，而不要写成 Table one、Table Two。表序排在表格上方，表序后面空一格接排表名，表题应居中排。在仅有表序而没有表名时，表序可居中排，也可靠切口方向缩一格排版，或排在表格的右上角处。

表名是指表的名称。表名排在表序之后，两者之间空一格隔开。表名末不加标点符号。表题与正文之间至少要空一个对开的位置；表题与表顶线之间空一个对开的位置。表题一般用黑体字，其所用字号应小于正文而大于或等于表文。表题居中排以后如果表题字较少，可在表题字间适当加空，以加

大距离；如表题字较多，则可将表题字转行居中排或转行齐头排，但无论怎样排版，表题宽度都不能大于表格宽度。

表注是表的说明文字。表注排在表格下方，与正文之间至少空一个对开的位置。表注通常用六号字，宽度不得大于表格宽度。表注转行方法与表题相同，表注末要加句号。

3. 排版中表格与正文的关系

（1）表随正文的原则。

表格排版与插图类似，表格在正文中的位置也是表随文走。一般表格只能下推，不能前移。如果由于版面确实无法调整，确需表格在前时，必须加上"见第 × 页"字样。

表格所占的位置一般较大，因此多数表格是居中排。对于少数表宽度小于版心的 2/3 的表格，可采用串文排。串文排的表格应靠切口排，并且不宜多排。

当有上下两表时，也采用左右交叉排。横排表排法与插图相同，若排在双页码上，表头应靠切口；排在单码上，则表头靠订口。

（2）表、文分排两面的方法。

表格与插图不同的地方是表格可以拆排，即可以将一个表拆分为两个表，用标注"续表"的形式将表的前后联系起来。但要注意：

① 如果在本面上排不下，而在下一个页面上可以排下时，尽量不要拆开排，最好将表排在下一面的天头上。

② 当文内用"见下表"说明时，表必须紧随文走。若表在本面排不下则只能拆排，将部分表格排到下一面上，接排在下一面的表格，要重复排上一个表头，但在表头上面不必再加表题，只需用比正文小一号的字加上续表两字。

③ 表格在不得已的情况下也可超前排。

④ 如果表格面积较大，栏数较多，在一面排不下时可以排成竖排和合面（又称蝴蝶式），从双码开始，跨排到单码上去，此时表题必须跨两面居中排。

4. 做表

（1）栏的划分。

在表格排版之前，首先要根据版心的大小计算好表格各栏位置。计算的方法可根据表的形式而定。

① 当各栏字数相等时，以整行字数除以栏数，将余数放在第一栏或末栏内。

② 当各栏的字数略有不同时，可以采用上述同样的方法进行计算，在算出每栏字数后，再在字多和字少的各栏内进行个别调整。

③ 当栏数不多、各栏的字数相差很大时，则要根据各栏的字数情况划分。

（2）线与字的间距和字与字的间距。

表文、上下横线及左右栏线三者的间空原则上规定是六号对开。

（3）改排。

做表格式选择的原则通常是首先根据原稿式样，再兼顾位置及版面美观等关系。当不能完全根据原稿式样做表时，可采用改变排表的格式。

① 对于行头较少而栏头较多的表格，可将横竖表进行互换。对于行头较多栏头较少的表格，也可将横竖表头进行互换。

② 当表格的栏数较多，并且其宽度超过版心宽度（其高度不超过版心高度）时，如果不能改为上

下转栏排，可把表格跨排在相邻的两面上。若要使整个表格处于同一视面内，表格一定要从双码起排，并采用双跨单的排法，即把表排成对页表（合页表、和合表、蝴蝶表）。

③ 如果表中横向表栏较少，竖向表行较多，则可用拆栏排法，即将表格从表身中某一行拆排为双栏或多栏。采用拆栏法排表时，每拆一栏必须加排表头；每一拆栏之间必须要连同表头一起通线排正线或反线；各栏之间相对应小栏的大小应当一致；表行在各栏中不能平均分配时，可在最末一栏排空格。

④ 当遇到狭长的多栏表、宽度超过版心，但横排高度又不够版心宽度时，可以拆分为二，改为重叠排，中间用统长双正线或反线分开。转到下面的部分要另外加上第一栏项目表头。另一个办法是改为竖表。

（4）表格中的数字和计量单位的排法。

表格中的数字一律使用阿拉伯数字；表格中的单位必须使用国际通用单位符号，对于尚没有统一规定的国际专用符号，则可用中文表示。当每栏内的各行都是数据时，应力求数字的个位对齐（小数点对齐），从而使数字看得清楚。

说明栏内尽量不排计量单位。当同一栏内（或同一行内）的计量单位相同时，可把单位排在栏头（或行头）。栏头或行头中的单位应尽可能另行排，并且计量单位不必加括号。当整个表格的计量单位相同时，可把单位排在表题行内的右端。

表格中同一栏内的上下行文字或数字相同时，不得使用"同上""idem"""" "等文字或符号代替，而必须重复排出相同的文字或数字。

5. 表头的排法

常见的表头有单层表头和双层表头。单层表头高度应大于表身的行距，双层表头的每层高度应等于或略大于表身的行距。

若表身只有两到三行，而表头有较多层次，按照正常排法，会使表头的高度超过表身的高度，形成头大身小。此时则应该放宽表身的行间距来加长表身，使表头和表身的高度相匹配。

表头的字宜用横排，当表格宽度小而高度大时，则可竖排或侧排。各格内的字与字、行与行之间的距离要均等，且与四周的框线保持一定的距离。格内文字较多时，可以密排或转行排。转行时应力求在词或词组处转行。当上下行字数不等时，要使上行字数比下行字数多 1—2 字，并且采用上下行字宽相等的排法（下行字距可加大）。如果格较长、字数较少，可将文字宽度加至格长度的 2/3 为宜。斜角内搭角线上下的文字一般要斜排，不平行排。

6. 各种版式表格的处理方法

（1）表格转行。

为了节省版面，也为了版面美观，对于横竖不对称的表格，可采用下面方法处理：

① 直表转栏排：凡栏目较少的表，若每一栏都较窄，而全表却很长时，常常把它转排成两栏，两栏的中间用双线隔开，转栏后重复排上表头。

② 横表分段排：若表是横长竖短，并且横向超过版口，可把它拆成两段，上下叠排。在排下面的一段时，必须把左边第一栏的项目重复排出，并在上下两截之间用双线分隔。

（2）表头互换

当遇到横栏的栏目比较多，横向超过版口，而竖栏的栏目比较少的表格排版时，则可以横为竖或将竖作横，通过表头互换来解决；反之亦然。

（3）对照表（合页表）、横放接排表及竖放接排表。

① 对照表：对于需要跨两面书页接排的较大表格，常采用对照表的排法，即将其排成从双页码跨到单页码的表，使整个表在同一个视面上。对照表既可横排，也可竖排。

分排在两面上的表，一定要使两面表格中的行、栏匀称。表题要跨页排在双、单两面的中间。若为有序码的表，也可各自分排在两面上，不跨排。合页表双单面接合处的栏线，一般应放在单页码的一边，即在后半个表的起首放一根竖的直线。

② 横放接排表：指在一面上未排完，需接排到下一面的横放接连的表，可以从单页码或从双页码开始。但横放的对照表，一定要从双页码开始即由双页码到单页码顺序排。对照表的双页码上排表头，而单页码上不排表头，为了节省版面和保持版面美观，可采用省去表头或加排表头的方法。从单页码开始到双页码横放接排表，则在单、双页码上都必须排表头，并在接续表的上方或右上方加排"续表"或"表 × （续）"等字样。行栏的横线（正线）一般放单页码之首，而不能放双页码之末。从单页码开始到双页码接排的表，单页和双页的表末和表首都必须加排横线（反线）。表题和表头在单页码靠订口排，在双页码靠切口排，即按顺时针方向放置。

③ 竖放接排表：指在一面上未排完而需接排到下一面的竖放接连的表。既可从单页码开始，也可从双页码开始。但每面都必须排表头，续表的上方或右上方加排"续表"或"表 × （续）"字样，每面表下必须加横线（反线）。

（4）表格版式的有关注意事项。

① 表和正文：表格一般应紧跟在见表 × 的文字后面，尽量与文字排在同一面上。由于版面限制，可将表放到另一面上去。凡是一面能排得下的表，不允许分拆排在两面上。如表过长，必须分排时，应在可分段处分割。必须注意表不能跨节的排版原则。

② 表格线：反线用作表格框架，正线用在表格中间；双线用作表格转行标志。

③ 横直线的运用：只用在分栏中文字或数码较多不易分清，或原稿特别注明需加排横线时，表中一般不排横线，只排直线。

④ 表题：一般左右居中排。若表题太长时，只在能停顿处转行，转行的文字可左右居中，题末不加标点。

⑤ 转行：在横的或竖的栏目内，若空间允许，文字不多时，尽量排成一行。

⑥ 位置：横放的表一般居中排，不串文。在竖放的表旁串文时，不论其页码单、双，表都排放在切口。若有两个表以上，则按第一个表靠切口，第二个表靠订口的顺序交叉排。无线表应紧靠文字排，不能移在有关文字之前或移在有关文字之后，以避免跨页接排。

⑦ 页码：不超过版口的表一律排页码；但在开本范围以内，不论横向还是竖向超过版口，必须编上暗码；超开本的插页表，不占页码，但必须标注"插在 ×× 页后"的字样。同时要在插页表占页码的前页，标注后有插表的字样。

科技排版

科技排版是指数学、物理、化学等专业科技书刊中的公式、迭排公式以及化学方程式和化学结构式的排版。

1. 数学公式排版

（1）基本概念。

在通常排版中公式有排在行中（即公式不单独占行）及单独占行两种排法。

串文排是指串排于正文行中间的公式，排这种数学式一般要求与相邻汉字的间空为四分空；而结论性公式或较长公式，则单独占行，并排在每行中间，这种公式一律居中排，超过版心 3/4 时可回行排。

选排公式是指在数理公式中，凡出现分式的式子，其版式称为选排式。

单行公式或横排公式是指没有分式的式子，其版式为单行式。

公式的序码简称为式码，当书刊中出现公式较多时，式码能起到引证和检索的作用。式码统一用阿拉伯数字编码并置于圆括号内。对于单篇论文，由于公式不多，则可用自然数编式码。对于科技图书，由于公式较多，为了明确式码与篇、章、节的对应关系，则常在式码前加上篇、章、节的序号。式码应排在公式后边的顶版口处（居中排）。如：

$$4\pi P_s = D_s - E_s \hspace{6cm} (17.1)$$

（2）正斜体的区分。

① 根据国家有关标准所确定的规范化缩写词，如三角函数、反三角函数、双曲函数、反双曲函数、对数函数、指数函数以及复数等，一律排成白正体。

② 数学中表示名称、数值的字母用斜体。例如：代数中代表已知数的 a、b、c，表示未知数的 x、y、z，几何中表示边的 a、b、c，表示角的 A、B、C。

（3）公式的回行。

公式一般从等号处回行，以等号对齐。在特殊情况下，也可从运算符号处回行。回行后，运算符号（+、−、×、÷）应比等号错后一字。在各种方程式中，乘号一般是省略的。如果公式在排版时需要从相乘关系处回行时，最好在行首加"·"符号，以便在阅读时明确其运算关系。在行末是否保留运算符号，需根据出版社的要求，全书要保持统一。从阅读效果看，行末保留运算符号，在阅读到行末时，便于知道后续的运算关系。分式长出版心时，可从分子、分母的加、减、乘、除号处回行。

（4）重叠分式的排法。

重叠式的分数线应比分子或分母最长的一行字的两边再长出 1/2 左右，多层分式中的主线略长一些，与整个公式的主体部分对齐。特别注意多层公式要分清主线和辅线。

（5）行列式的排法。

行列式要上下主体居中对齐，每行式子间距要均匀，线与上行字和下排字对齐。线两边与字空半倍，行隙空半倍，线外数字居中排，遇到行列式有"+""−"号时，应"+""−"对齐。

（6）公式中的括号、开方号的用法。

公式中的括号、开方号按公式层次，一层用一倍的，双层用两倍的，三层用三倍的。

（7）公式不能交叉排。

每一式子中的一个单元部分不能与另一单元部分交叉排。

（8）上下式应对齐。

如果有若干相关公式形成上下排式，则其公式左边应对齐，形成所谓齐头排。有些公式也可以排成上下等式对齐的排式。

（9）方程式的排法。

如方程组行数很多，限于空间在一面中排不完整个式子时，可分开两面排，也可分为两半排，即上一面末排，下一面首排。

2. 化学式排版

（1）化学元素符号用正体外文，大小写应注意区别，如 CO、Co 等，不能机械地统一。

（2）元素符号右下角的数码放于下角 1/3 位置（如 CO_2），元素符号上的正负号放于对开上角位置（如 C^+、H^+）。

（3）化学键在链状结构式内，不论横键、竖键、斜键、单键、双键以及三键均用一倍的字空，键的两端和字母贴紧。

（4）反应号（→，＝）用两倍或一倍字空，反应号上文字用小六号字，文字较多反应号可适当增长，文字排不下时，可回行排在反应号下。但是"＝"号上有字时，不论字有多少，不应把上面的字转到"＝"号的下边去。

（5）化学式居中排。结构式过长排不下时，可在"＝"或"→"处回行，最好不拆分，可改用更小字号排。回行时"→"放在前行末，下行前不放，其他符号两头各放一个。

（6）结构式有一定排列规则、键号须对准主要反应原子（即连接有价键的原子）。

综上所述，排版原则在实际工作中要灵活使用，具体问题具体对待，既要有原则又要灵活。工艺设计人员以及排版操作人员只要完全掌握这些知识，就能使基于计算机排版软件排出的书刊更加美观。

校对

校对是书刊生产过程中的一道重要工序，它是校对工作者按照原稿对校样进行逐字核对的过程。

1. 校对的职责

校对人员的基本职责是对原稿负责（这里所指的原稿是指经过编辑加工并发排的编发稿）。

所谓对原稿负责，就是忠实地反映原稿上所书写和批注的一切内容，即通过校对，消灭校样上一切与原稿不符的文字、符号、标点、图表以及版式等错误。对原稿负责仅仅是对校对人员的基本要求，而不是最高要求。一个好的、尽责的校对人员，不但能够准确无误地核对原稿，而且能够发现原稿上存在的差错，并提出自己的修改意见，帮助编辑或作者校正。

在校对过程中，如果发现原稿有错误，校对人员最好不要擅自改正，可以把原稿上的错误记录下来，甚至提出改正意见，让编辑或作者自己校正。这样做既能忠于原稿、分清职责，又有利于核定原稿中的错误。如果校对人员自行做主，有时，就可能把本来正确的内容当成错误来处理，以致造成某些不应有的错误或损失。

2. 校对程序

校对程序可以校次来说明，一般书刊所采取的是三校付印，实际为四校，出版社在初校之前，排版单位已进行过一次毛校，初校样是校组版后的校样。有的出版社将初校和二校合并起来，初校后不经改版，利用初校过的校样再进行二校，这样可以提高出书速度。

3. 校对方法

校对方法有 3 种。

（1）对校。

对校是将原稿放在左方或上方，与校样对照着核对的方法。这种方法要求原稿与校样尽量靠近，以缩短核对中两眼反复移动的距离，防止过分疲劳。校对时，左手指着原稿，右手持笔指着校样，两手随校对的速度而移动，发现问题，用笔在校样上标示出来。

（2）折校。

折校是用大拇指、中指和食指夹持校样，校前将校样轻折一下，然后将校样靠近原稿文字相对的校对方法。校对时，原稿平放桌上，两手夹持校样从左向右徐徐移动，使得原稿和校样上的相同文字依次一一对照，两眼能同时看清原稿和校样上相对的文字。校完一行，可用大拇指和中指推移稿纸换行，用食指轻压校样。改正校样错误时，可左手压住校样，右手持笔改正。

（3）读校

读校是两人合作进行的校对方法。校对时，一人读原稿，一人看校样。读原稿时不但要读文字，而且要读出版面和文字的标点符号及具体要求。

4. 校对要求

校对时应做到以下几点：

（1）校正校样上的错字、倒字及缺字，不要存在颠倒、多余或遗漏字句行段，以及接排、另行、字体、字号等差错；

（2）改正符号和公式的错误；

（3）检查处理是否符合要求，标题、表题、图题有无偏斜，字体、字号是否统一，页码是否连贯，书眉有无，线粗细等；

（4）检索注解和参考文献的次序与正文所标号码是否吻合；

（5）注意插图、表格、数学公式、化学方程式等位置是否恰当和美观；

（6）校正图的位置，方位的平正；

（7）检查行距是否匀称，字距是否合乎规定；

（8）统一各级标题；

（9）其他排版版式中指出的排版要求。

✎ 八、排版质量规范

排版质量规范是新闻出版产品按照国家有关标准和规定进行生产的基础，对新闻出版的生产有极其重要的指导作用。只有深刻理解和掌握与排版质量相关的标准和规定，才能优质、高效、美观地排出各种复杂的版面，满足人民精神生活的需求。

图书质量管理规定

第一章 总 则

第一条 为建立健全图书质量管理机制，使图书出版工作更好地为人民服务，为社会主义服务，为全党全国的工作大局服务，努力实现图书出版从扩大规模数量为主向提高质量效益为主的转变，促进图书出版事业的繁荣和发展，依据我国《出版管理条例》和有关图书质量的政策、法规以及标准，特制定本规定。

第二条 本规定适用于经国家正式批准的图书出版单位及其出版的图书。

第二章 图书质量的分级和标准

第三条 图书质量管理的范围，包括选题、内容、编辑加工、校对、装帧设计以及印刷装订等方面。为了便于管理，本规定将有连带关系的选题和内容，合并为内容项；将编辑加工和校对，合并为编校项。

第四条 图书内容质量、装帧设计质量分为两级，即合格和不合格；编校质量、印刷装订质量分为四级，即优质、良好、合格以及不合格。

第五条　图书内容的质量分级标准

① 在思想、文化、科学、艺术等方面，有一定的学术价值、文化积累价值或使用价值的，为合格。

② 在思想、文化、科学以及艺术等方面，没有价值，有严重问题，或违反国家有关政策禁止出版的，为不合格。

第六条　图书编校的质量分级标准

① 差错率低于 0.25/10000 的，为优质。

② 差错率超过 0.25/10000，未超过 0.5/10000 的为良好。

③ 差错率超过 0.5/10000，未超过 1/10000 的为合格。

④ 差错率超过 1/10000 的为不合格。

第七条　图书装帧设计的质量分级标准

① 封面（包括封一、封二、封三、封底、勒口、护封、封套、书脊）、扉页以及插图等，能够恰当反映图书的内容，格调健康；全书版式设计统一，字体和字号合理的，为合格。

② 封面（包括封一、封二、封三、封底、勒口、护封、封套、书脊）、扉页以及插图等，不能反映图书的内容，或格调不健康；全书版式设计不统一，字体和字号使用混乱的，为不合格。

第八条　图书印刷装订的质量分级标准

根据新闻出版署发布的中华人民共和国出版行业标准《书刊印刷标准 CY/1 ～ 3 ～ 91，CY/T4 ～ 6–91，CY/T 7.1 ～ 7.9–91，CY/T12 ～ 17–95》的规定。

① 图书印刷装订的质量全面达到优质品的为优质。

② 图书印刷装订的质量某一项或某两项存在细小疵点，其他各项均达到优质品标准的为良好。

③ 图书印刷装订的质量全面达到合格品标准的为合格。

④ 图书印刷装订的质量有严重缺陷，达不到合格品标准的为不合格。

第九条　成品图书的质量标准分为四级，即优质品、良好品、合格品、不合格品。

第十条　成品图书的质量标准

① 图书内容、装帧设计的质量达到合格标准，且编校、印刷装订的质量达到优质标准的为优质品。

② 图书内容、装帧设计的质量达到合格标准，编校、印刷装订的质量达到良好标准（含其中一个项目达到优质标准）的为良好品。

③ 图书内容、装帧设计的质量达到合格标准，编校、印刷装订的质量均达到合格标准（含其中一个项目达到良好或优质标准）的为合格品。

④ 图书内容、编校、装帧设计、印刷装订四项中有一项不合格的为不合格品。

第三章　图书质量的管理

第十一条　出版社须设立由社领导主持的图书质量管理机构，指导和督促各部门、各环节以及各岗位的职工实施质量保证措施，对图书作出质量等级评定，对不合格图书作出处理。

第十二条　出版社须制定图书质量管理制度，建立质量管理和质量保证体系，使保证图书质量的工作落实到出书的全过程和全体职工，在制定图书质量管理制度时须体现保证图书质量的基本制度——选题的专项、专题报批制度；三级审稿制度；发稿达到"齐、清、定"要求；三校一读校对责任制度；生产督印制度；样书检查和成品检查制度。

第十三条　出版社每年 1 月 31 日前上报上一年度的图书质量检查结果和有关情况。上报的程序是：在京的中央国家机关各部门所属的出版社经主管部门审批同意后，报新闻出版署；各省、自治区、直辖市所属出版社由各省级新闻出版管理部门审批同意后，报新闻出版署；设在地方的中央各部门的出版社（军队出版社除外）经主管部门审批同意，并征得所在地省级新闻出版管理部门审批同意后，统一由省级新闻出版管理部门报新闻出版署；军队系统出版社由解放军总政宣传部审批后，报新闻出版署。

第十四条　地方省级新闻出版局和出版社的主管单位须设立专门机构或有专人负责指导所属或所辖出版社的质量管理工作；审核选题计划；审核批准重要稿件的出版；组织图书质量检查小组（或聘请图书质量审读员）对图书进行抽查；对不合格图书提出处理意见；对所属或所辖出版社的图书在内容等方面发生的严重错误和其他重大问题，承担领导责任。

第十五条　新闻出版署根据全国图书质量实际情况及读者的反映，每年选取部分出版社的图书，组织审读员进行质量抽查。

第十六条　地方省级新闻出版局或新闻出版署对图书质量进行检查后，须将检查结果和审读记录以书面形式通知出版社。出版社如有不同意见，可在接到通知后的 30 日内提出申辩意见上报，请求复议。如有异议，报新闻出版署裁定。

第十七条　地方省级新闻出版局或新闻出版署对所检查图书质量的最终结果及处理决定，发出通报。

第四章　奖励与处罚

第十八条　对一贯注重图书质量工作的出版单位和个人，以及采取有力措施，在短期内提高了图书质量的出版单位和个人，新闻出版署、地方新闻出版局可以结合图书质量工作给予表扬和奖励。

第十九条　对于年新版图书品种有 10% 以上图书质量不合格的出版社，新闻出版署、地方省级新闻出版局可以视情节轻重，给予通报批评或处罚。根据《中华人民共和国行政处罚法》，处罚包括：警告、罚款以及停业整顿。对中央级出版社的处罚决定，由新闻出版署作出；对地方出版社的处罚决定，由地方省级新闻出版局或新闻出版署作出，罚款上缴当地财政。

第二十条　经检查为质量不合格的图书，须采取技术处理或改正重印，方可继续在市场上销售。如发现已定为不合格的图书在该图书定为不合格品的通报或处罚决定发布三个月后仍在市场上销售，由地方省级新闻出版局或新闻出版署对出版社进行经济处罚，除没收该书所得外，还要根据情节轻重处以罚款，上缴当地财政。

第二十一条　连续两年造成图书不合格的责任者，其年终考核应定为不称职；不称职的人员，不能按正常晋升年限晋升其专业技术职务和工资；连续三年经检查为不合格品图书的责任者，不能继续从事该岗位的工作。

第五章　附则

第二十二条　本规定由新闻出版署负责解释。

第二十三条　本规定自发布之日起生效。1992 年发布的《图书质量管理规定（试行）》停止执行。

图书编校质量差错率的计算方法

1. 图书差错率

指以审读一本图书的总字数，去除审读该书之后发现的总差错数，计算出来的万分比。如审读一本图书的总字数为 10 万，审读后发现两个差错，则该书的差错率为 2/100000，即为 0.2/10000。

2. 图书总字数的计算方法

一律以该书的版面字数为准，即：总字数 = 每面行数 × 每行字数 × 总面数。

（1）除环衬等空白面不计字数外，凡连续编排页码的正文、目录以及辅文等，不论是否排字，均按一面满版计算字数，分栏排版的图书，各栏之间的空白也计算版面字数。

（2）书眉（或中缝）、单排页码、边码也按正文行数，一并计算字数。

（3）目录、索引以及附录等字号有变化时，分别按版面计算字数。

（4）用小号字排版的脚注文字超过 5 行不足 10 行，按该面正文数加 15% 计算；超过半面，则该面按注文的满面计算字数。用小号字排版的夹注文字，随正文版面计算字数。

（5）版面（包括封一、封二、封三、封底、勒口、护封、封套、书脊）、扉页，除空白面不计以外，每面按正文版面字数的 50% 计算；版权页、勒口（有文字的）按正文的一个版面计算字数。

（6）凡旁边串排正文的插图、表格，按正文的版面字数计算；插图占一面的，按正文版面字数的 50% 计算；表格占一面的，按正文版面计算字数。

（7）凡有文字说明的画册、摄影集以及乐谱，一律按正文的版面字数全额计算；无文字说明的，按正文版面的 30% 计算字数。

（8）外文版图书、少数民族文字版图书的版面字数，以同样的中文版面字数加 30% 计算。

3. 图书差错的计算方法

（1）文字差错的计算标准

① 凡正文、目录、出版说明、前言（或序）、后记（或跋）、注释、索引、图表、附录、参考文献中的一般性错字、多字、漏字以及倒字，每处计 1 个差错。前后颠倒字，以用一个校对符号可以改正的，每处计 1 个差错；书眉（或中缝）中的差错，无论有几个，1 条计 1 个差错；行文中的数字错，每码计 1 个差错；页码（包括边码）错，每处计 1 个差错。

② 同一文字错每面计 1 个差错；一面内文字连续错、多、漏，5 个字以下计 2 个差错；5 个字（不含）以上计 5 个差错。

③ 封面（包括书脊）、封底、勒口、扉页以及版权页上的文字错，每处计 2 个差错。

④ 知识性、逻辑性以及语法性差错，每处计 2 个差错。

⑤ 一般性的科学技术性、政治性差错，每处计 3 个差错。

⑥ 外文、少数民族的拼音文字、国际音标、汉语拼音以一个单词或词组为单位，无论一个单词或词组中几个字母有错，均计 1 个差错。

⑦ 外文缩写词应大写（如 DNA）却小写（如 dna）的，不同文种的单词、缩写语混用（如把英文缩写 N 错为俄文缩写 и）的，每处计 1 个差错。

⑧ 外文中的人名、地名、国家和单位名称等专用名词，词首应该大写却错为小写的，每处计 0.5 个差错；同一差错在全书超过 3 处（含 3 处），计 1.5 个差错。

⑨ 自造简化字、同音代替字，按错字计算；混用简化字、繁体字，每处计 0.5 个差错，全书最多计 3 个差错。

⑩ 量和单位的中文名称不符合国家标准的，每处计 0.5 个差错；同一差错多次出现，每面只计 0.5 个差错。

⑪ 阿拉伯数字与汉语数字用法不规范，每处计 0.5 个差错，全书最多计 3 个差错。

（2）标点符号和其他符号差错的计算标准

① 标点符号的一般错用、漏用以及多用，每处计 0.5 个差错。但成组的标点符号，如引号、括号、书名号等错用、漏用、多用一边的，按每组计 0.5 个差错。

② 小数点误为中圆点，或中圆点误为小数点的，每处计 0.25 个差错；名线、着重点的错位、多、漏，每处计 0.25 个差错。

③ 破折号误为一字线、半字线，每处计 0.25 个差错；标点符号误在行首、行末的，每处计 0.25 个差错；可用逗号也可用顿号，可用分号也可用句号的，不计错。

④ 外文复合词、外文单词按音节转行，漏排连接号的，每处计 0.1 个差错；同样差错在每面超过 3 个（含 3 处），只计 0.3 个差错。

⑤ 法定计量单位和符号、数理化等科技量和符号、乐谱等符号一般性差错，视情节轻重，计 0.5 ~ 1 个差错，同样差错重复出现，每面只计 0.5 ~ 1 个差错。

⑥ 图序、表序、公式序等序列性差错，每处计 0.5 个差错，全书超过 3 处（含 3 处），计 1.5 个差错。

（3）格式差错的计算标准

① 影响文意，不合版式要求的另页、另面、另段、另行、接排以及空行，每处计 0.25 个差错。

② 连续在一起的字体、字号错，每处计 0.25 个差错；字体和字号同时错，每处也计 0.25 个差错。

③ 在同一面上几个同级标题的位置、转行格式不统一的，计 0.25 个差错；肩题与正文之间未空格的，每处计 0.25 个差错。

④ 阿拉伯数字转行的，每处计 0.1 个差错。

⑤ 图、表的位置错，图、表的内容与说明文字不符，每处计 2 个差错。

⑥ 书眉单双页位置互错，每处计 0.5 个差错。

⑦ 脚注注码与正文注码配套，但不顺号；或者有注码无注文，有注文无注码的，每处计 0.25 个差错。

图书的封面（包括封一、封二、封三、封底、勒口、封套、书脊）、扉页、版权、前言（或序）、后记（或跋）、目录，都是必须审读、检查的内容。

2.2　排版软件知识准备

想要出色地完成图书排版工作，排版软件应知应会的功能有版面网格、主页、变量、样式、生成目录等。

一、应用版面网格

就工作流程而言，美编人员非常习惯使用基于页面、有版式纸效果的工作流程。InDesign 的版面网格正是基于这种工作方式的。此外，InDesign 的版面网格与传统版式纸页面设计的区别在于，可以根据需要修改字体大小、描边宽度、页面数和其他元素，以创建自定版面。

设置"新建文档"对话框完毕后，单击"版面网格对话框"按钮，可以创建带有网格的文档。接着打开"新建版面网格"对话框，对文档中的网格进行设置，如图 2-2-1 所示。

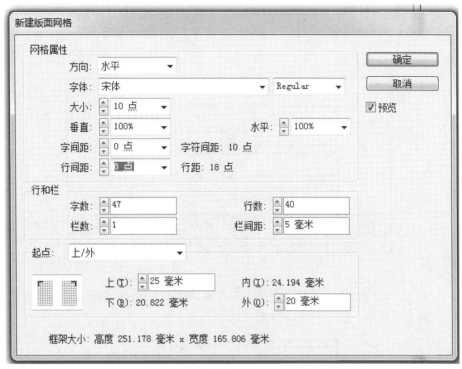

图2-2-1

1. 网格属性

在"网格属性"选项组中，可以设置字体的大小、字体的方向、字体的缩放比例、字体与字体之间的距离等。这些设置体现在网格上，使网格的外观发生改变。

（1）单击"方向"选项的下拉按钮，在弹出的下拉列表中共有两个选项，"水平"和"垂直"。选择"水平"可使文本从左向右水平排列，选择"垂直"可使文本从上向下竖直排列，如图 2-2-2 所示。

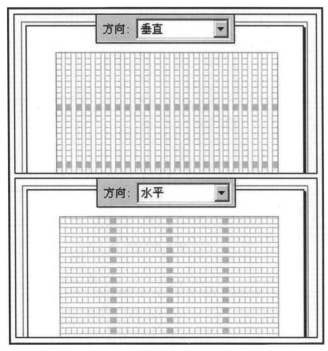

图2-2-2

（2）"字体"选项可以设置字体系列和字体样式。"大小"选项设置文字的大小。

（3）"垂直"选项设置字体垂直比例。"水平"选项设置字体水平的比例。网格的大小将根据这些设置发生变化，如图2-2-3所示。

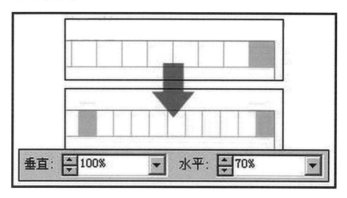

图2-2-3

（4）"字间距"选项设置文字与文字之间的距离。如果输入负值，网格将显示为互相重叠。设置正值时，网格之间将显示间距，如图2-2-4所示。

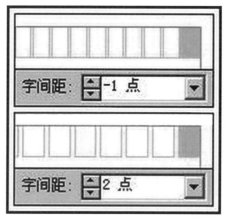

图2-2-4

（5）"行间距"选项设置行与行之间的距离，如图2-2-5所示。

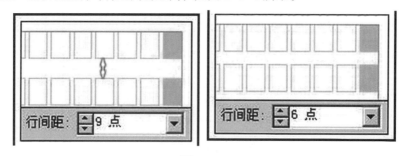

图2-2-5

2. 行和栏

"行和栏"选项组设置每一栏中每行的字数和每栏中的行数，并设置每一页中的栏数和栏与栏之间的距离。

（1）"字数"选项设置每栏中每行的字数，如图2-2-6所示。

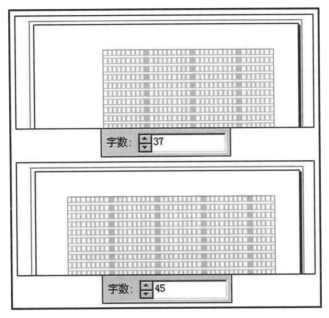

图2-2-6

（2）"行数"选项设置每页中行的数目，如图 2-2-7 所示。

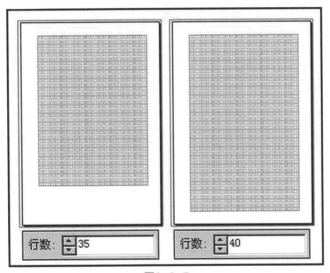

图2-2-7

（3）"栏数"选项设置每一页中的栏数，如图 2-2-8 所示。

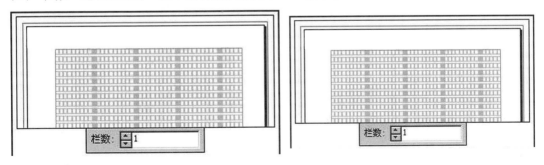

图2-2-8

（4）"栏间距"选项设置栏与栏之间的距离，如图 2-2-9 所示。

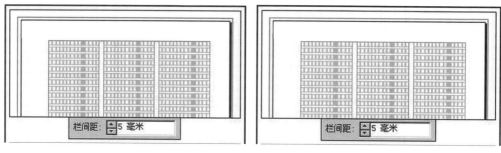

图2-2-9

3. 起点

"起点"选项组设置网格在页面中开始排列的位置，从而调整网格在页面中的位置。

（1）单击"起点"选项的下拉按钮，在弹出的下拉列表中选择起点的位置。图 2-2-10 出示了选择"起点"选项中各选项的效果，如图 2-2-10 所示。

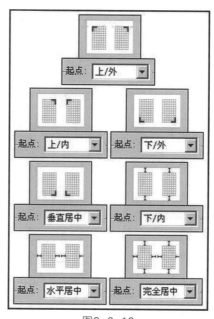

图2-2-10

提示：设置"起点"选项完毕后，可以在该选项下方的缩览图中查看网格起点的位置。

（2）在"起点"选项组中有"上""下""内"和"外"四个选项，这些选项用于设置网格和页边之间的距离，并且根据"起点"中选项的不同，可设置的选项也不同。例如，当"起点"选项选择为"上 / 外"，则"上"和"外"选项可设置；当"起点"选项选择为"下 / 内"，则"下"和"内"选项可设置，如图 2-2-11 所示。

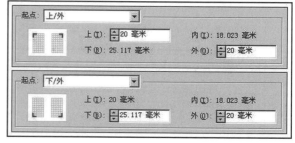

图2-2-11

（3）选择"下/内"选项，设置"下"和"内"选项的参数，调整网格和页边的距离，如图2-2-12所示。

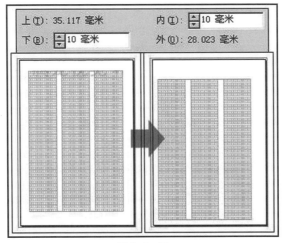

图2-2-12

（4）设置完毕后，单击"确定"按钮，创建版面网格文档。如果单击"取消"按钮，返回到"新建文档"对话框。

✎ 二、主页设置技巧

主页类似于一个可以快速应用到许多页面的背景。主页上的对象将显示在应用该主页的所有页面上。主页通常包含重复的标志、图形，页码、页眉和页脚。

1. 在 InDesign 中创建和应用主页

InDesign 中可以创建多个主页，主页与主页间还可具有嵌套应用关系。

创建主页操作如下。

（1）观察"页面"调板，在页面调板的上方为主页的显示区域，如图2-2-13所示。

（2）单击"页面"调板右上角的按钮，在弹出的菜单中执行"新建主页"命令，打开"新建主页"对话框，如图2-2-14所示。

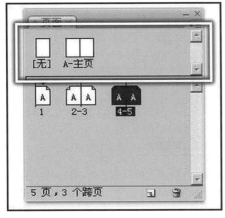

图2-2-13

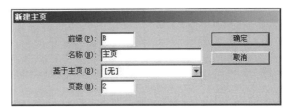

图2-2-14

前缀：在该选项的文本框中输入一个字符，以标识"页面"调板中的各个页面所应用的主页。

名称：设置主页的名称。

基于主页：在另一个样式的基础上创建新样式。

页数：设置创建的主页页数。

（3）设置完毕后，单击"确定"按钮，即可创建新的主页，如图 2-2-15 所示。

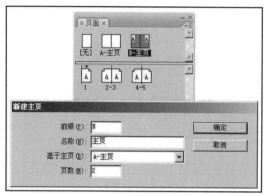

图2-2-15

（4）按下 Ctrl 键的同时单击"创建新主页跨页"按钮，可以创建新的主页，如图 2-2-16 所示。

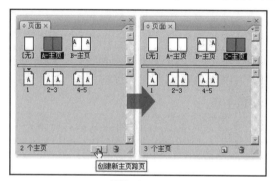

图2-2-16

（5）在"页面"调板中单击并拖动跨页页面到主页的范围，创建基于原始页面的主页，如图 2-2-17 所示。

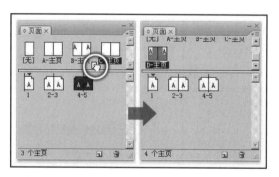

提示：也可以选择需要创建为主页的跨页页面，然后单击"页面"调板右上角的按钮，在弹出的快捷菜单中执行"存储为主页"命令，即可将选择的跨页页面存储为主页。

2. 在 InDesign 中编辑主页

对主页进行的编辑和修改会自动反映在所有应用了该主页的页面上。对主页的编辑、修改和对页面的编辑、修改的方法基本相同，可以对主页进行添加文本、图像、页码等内容操作。

绘制图像操作如下。

（1）双击"A-主页"，将该主页显示在工作区域中。使用"矩形"工具，在视图中绘制矩形图像，并为图像填充颜色，如图2-2-18所示。

（2）双击第一页，转换到编辑页面的工作区域中，在应用"A-主页"的页面中显示了相应的图像，如图2-2-19所示。

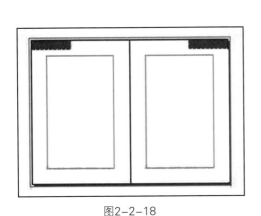

图2-2-18　　　　　　　　　　图2-2-19

3. 添加页码

（1）双击"A-主页"，使该主页成为编辑目标。

（2）接着使用"文字"工具，在视图中绘制文本框，然后执行"文字"→"插入特殊符号"→"标点符"→"当前页码"命令，在文本框中插入当前页码符，如图2-2-20所示。

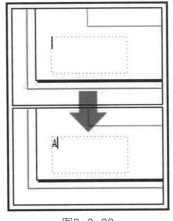

图2-2-20

提示：插入的页码符符号是根据主页的前缀来显示的，例如，主页的前缀为A，那么显示的页码符符号也为A。

（3）将该文本框复制并移动到跨页的右侧，如图 2-2-21 所示。

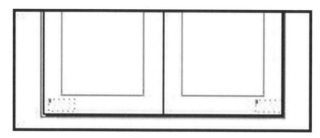

图2-2-21

提示：如果页码在页面左右两侧，左页页码用"左对齐"，右页页码用"右对齐"；如果页在页面的中央位置，则应用"居中对齐"。

（4）双击"页面"调板中的页面，使页面成为编辑目标，可以看到在页面相应的位置显示了页码，如图 2-2-22 所示。

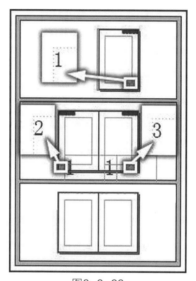

图2-2-22

（5）执行"版面"→"页码和章节选项"命令,打开"页码和章节选项"对话框,如图 2-2-23 所示。

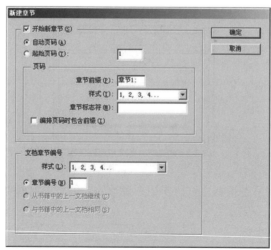

图2-2-23

开始新章节：该选项可以从选择的页面重新开始排列页码。

自动页码：该选项将使当前的页码跟随前一页的页码。使用此选项，在增加页码时可自动更新页码。

起始页码：可以从选择的页面开始独立于文档的其余部分单独进行编排。

章节前缀：为每个页码前设置一个标签。此选项的文本框中输入的字符仅限于 8 个。

样式：从菜单中选择一种页码样式。该样式仅应用于本章节中的所有页面。

章节标志符：键入字符，把该字符插入页面上章节标志符所在的位置。

编排页码前包含前缀：如果要在生成目录或索引时或在打印包含自动页码的页面时显示章节前缀，选择此选项。

章节编号：在该选项文本框中输入数值，使选择页面中的章节按照新顺序排列。

（6）设置完毕后，单击"确定"按钮，即可调整页码，如图 2-2-24 所示。

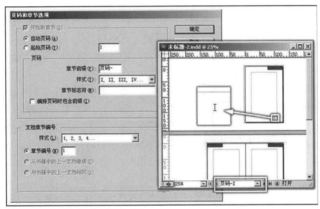

图2-2-24

4. 应用主页

主页是通过"页面"调板主页部分（缺省为上半部分）的主页图标或是"页面"调板菜单的命令来管理的。每个主页有一个名称前缀，出现在使用该主页的页面图标之上。

（1）观察"页面"调板中的页面，在每个页面上都有一个字母 A，表示这些页面都应用了"A- 主页"，如图 2-2-25 所示。

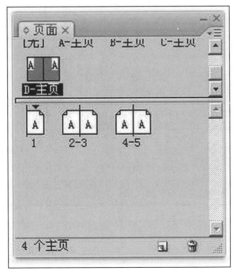

图2-2-25

（2）单击"页面"调板右上角的按钮，在弹出的菜单中执行"将主页应用于页面"命令，打开"应用页面"对话框，如图 2-2-26 所示。

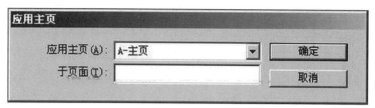

图2-2-26

应用主页：设置要使用到页面上的主页。

于页面：设置应用主页页面的范围。

（3）设置完毕后，单击"确定"按钮，即可将主页应用到指定的页面上，如图 2-2-27 所示。

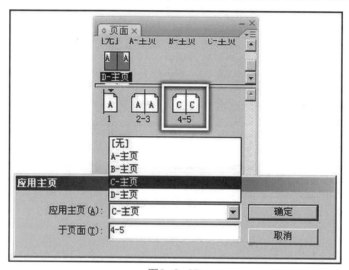

图2-2-27

（4）选择需要更改主页的页面，按下 Alt 键的同时单击主页，可将主页应用到选择的页面，如图 2-2-28 所示。

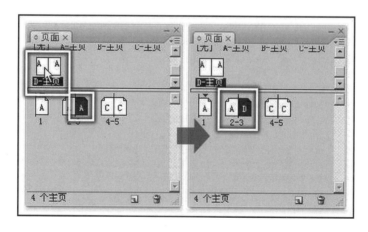

图2-2-28

三、文本变量

文本变量是插入在文档中并且根据上下文发生变化的项目。例如，"最后页码"变量显示文档中最后一页的页码。如果添加或删除了页面，该变量会相应更新。

InDesign 包括几个可以插入到文档中的预设文本变量。这些变量的格式可以编辑，我们也可以创建自己的变量。某些变量（如标题、章节编号）添加到主页中对于确保格式和编号的一致性非常有用。另一些变量（如创建日期和文件名）添加到辅助信息区对于方便打印非常有用。

注：向一个变量中添加太多文本可能导致文本溢流或被压缩。变量文本只能位于同一行中。

InDesign 预设的文本变量如图 2-2-29 所示。这里着重讲解图书排版中常用的动态标题。

"动态标题"变量的作用在于只需要在主页创建一个动态标题，在页面中动态标题会根据页面的内容自动变化。

图2-2-29

（1）选择"文字"→"文本变量"→"定义"。

（2）单击"新建"。为变量键入名称"标题"。从"类型"菜单中选择"动态标题（段落样式）"，样式选"一级标题"，使用选择"页面上的第一个"，然后单击"确定"，如图 2-2-30 所示。

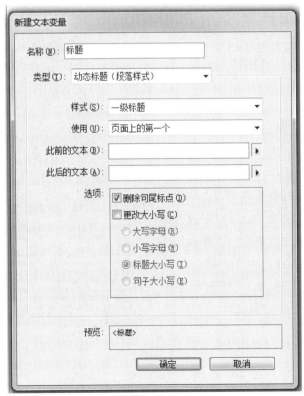

图2-2-30

（3）在主页页眉上创建一个文本框，选择"文字"→"文本变量"→"插入变量"→"文章标题"，如图 2-2-31 所示。

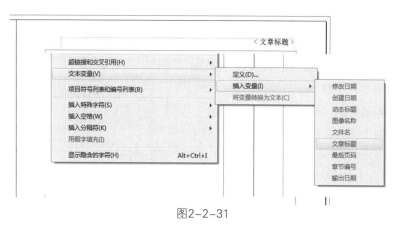

图2-2-31

（4）双击页面，置入文档，用文字工具选中标题"桨声灯影里的秦淮河"，应用段落样式"一级标题"，书眉会自动变成标题内容"桨声灯影里的秦淮河"，如图 2-2-32 所示。

图2-2-32

四、查找和更改功能

1. 使用查找 / 更改

通过"查找 / 更改"命令，可以对文档、文章和选区中的文本内容进行查找和更改。用户可以查找和更改当前文档中的文本，也可对打开的所有文档中的文本进行查找和更改。下面我们将对查找和更改文本的具体操作方法进行讲述。

（1）执行"文件"→"打开"命令，打开文件"查找与更改 .indd"，如图 2-2-33 所示。

图2-2-33

（2）执行"编辑"→"查找/更改"命令，打开"查找/更改"对话框，如图2-2-34所示。

图2-2-34

提示：为了缩小查找和更改范围，可以将需要查找和更改的文本框选中，再执行"查找/更改"命令。

（3）在"查找内容"选项的文本框中输入需要查找的内容，在"更改为"选项的文本框中输入需要更改的内容，如图2-2-35所示。

（4）在"搜索"选项下拉列表中，选择要搜索的范围，如图2-2-36所示。

图2-2-35

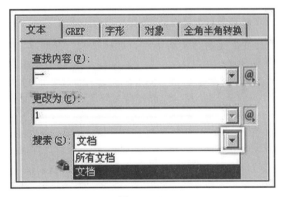

图2-2-36

（5）单击"指定要更改的属性"按钮，打开"更改格式设置"对话框，参照下图所示设置对话框的参数，如图2-2-37所示。

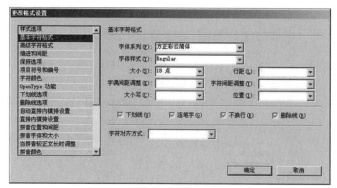

图2-2-37

（6）设置完毕后，单击"确定"按钮，关闭对话框，这时将在"更改格式"显示窗中显示相关的设置，如图 2-2-38 所示。

图2-2-38

（7）单击右上方的"查找"按钮，在文档中，查找第一个需要更改的内容，然后单击"更改"按钮，将第一个查找到的文本更改，如图 2-2-39 所示。

图2-2-39

提示：当查找到第一个需要更改的字符后，"查找"按钮将自动切换为"查找下一个"按钮。

（8）单击"全部更改"按钮将文档中所有需要更改的内容全部查找到并更改，这时将会弹出警示框，如图 2-2-40 所示。

图2-2-40

（9）单击“确定”按钮。返回到“查找 / 更改”对话框，然后单击“完成”按钮关闭对话框，如图 2-2-41 所示。

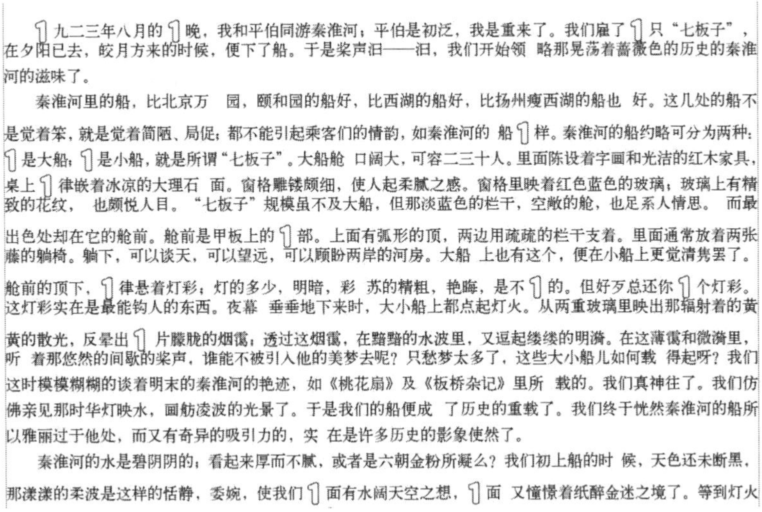

1九二三年八月的1晚，我和平伯同游秦淮河；平伯是初泛，我是重来了。我们雇了1只“七板子”，在夕阳已去，皎月方来的时候，便下了船。于是桨声汩——汩，我们开始领 略那晃荡着蔷薇色的历史的秦淮河的滋味了。

秦淮河里的船，比北京万 园，颐和园的船好，比西湖的船好，比扬州瘦西湖的船也 好。这几处的船不是觉着笨，就是觉着简陋、局促；都不能引起乘客们的情韵，如秦淮河的 船1样。秦淮河的船约略可分为两种：1是大船；1是小船，就是所谓“七板子”。大船舱 口阔大，可容二三十人。里面陈设着字画和光洁的红木家具，桌上1律嵌着冰凉的大理石 面。窗格雕镂颇细，使人起柔腻之感。窗格里映着红色蓝色的玻璃；玻璃上有精致的花纹， 也颇悦人目。“七板子”规模虽不及大船，但那淡蓝色的栏干，空敞的舱，也足系人情思。 而最出色处却在它的舱前。舱前是甲板上的1部。上面有弧形的顶，两边用疏疏的栏干支着。里面通常放着两张藤的躺椅。躺下，可以谈天，可以望远，可以顾盼两岸的河房。大船 上也有这个，便在小船上更觉清隽罢了。舱前的顶下，1律悬着灯彩；灯的多少，明暗，彩 苏的精粗，艳晦，是不1的。但好歹总还你1个灯彩。这灯彩实在是最能钩人的东西。夜幕 垂垂地下来时，大小船上都点起灯火。从两重玻璃里映出那辐射着的黄黄的散光，反晕出1片朦胧的烟霭；透过这烟霭，在黯黯的水波里，又逗起缕缕的明漪。在这薄霭和微漪里，听 着那悠然的间歇的桨声，谁能不被引入他的美梦去呢？只愁梦太多了，这些大小船儿如何载 得起呀？我们这时模模糊糊的谈着明末的秦淮河的艳迹，如《桃花扇》及《板桥杂记》里所 载的。我们真神往了。我们仿佛亲见那时华灯映水，画舫凌波的光景了。于是我们的船便成 了历史的重载了。我们终于恍然秦淮河的船所以雅丽过于他处，而又有奇异的吸引力的，实 在是许多历史的影象使然了。

秦淮河的水是碧阴阴的；看起来厚而不腻，或者是六朝金粉所凝么？我们初上船的时 候，天色还未断黑，那漾漾的柔波是这样的恬静，委婉，使我们1面有水阔天空之想，1面 又憧憬着纸醉金迷之境了。等到灯火

图2-2-41

2. 为查找 / 替换键入通配符

通配符代表 InDesign 中的特殊字符或是符号。通配符以尖号（^）开始。可以在“查找 / 更改”对话框中使用如下表所示的通配符。

字符	输入	字符	输入
自动编排页码	^#	右齐空格	^f
章节标志符	^x	细空格（1/24）	^|
段落尾	^p	不间断空格	^s
强制换行	^n	窄空格	^<
◆定为对象标志符	^a	数字空格	^/
◆脚注引用标志符	^F	标点空格	^.
半角中点	^8	英文左双引号	^{
全脚中点	^5	英文右双引号	^}
尖角符号	^	英文左单引号	^[
版权符号	^2	英文右单引号	^]
省略号	^e	定位符字符	^t
段落符号	^7	右对齐定位符	^y
注册商标符号	^r	三分之一空格	^3
小节符	^6	四分之一空格	^2
商标符号	^d	六分之一空格	^%
全角破折号	^_	在此缩进对齐	^I
半角破折号	^=	结束嵌套样式	^h
自由连接字符	^-	◆任意数字	^9
不间断连字符	^~	◆任意字母	^$
表意字空格	^（	◆任意字符	^?
全角空格	^m	◆任意空格或定位符	^w
半角空格	^>	◆汉字	^k
◆表示仅可输入到“查找内容”框，而不能输入到“更改为”框。			

3. 查找和更改文档中的字体

通过“查找字体”命令，可以对文档中现有的字体进行查找和替换。该命令主要用于打开的文档缺失字体时，替换缺失的字体。本节我们将对查找字体的具体操作方法进行讲述。

（1）确认“查找与更改 .indd”文档没有关闭。执行“文字”→“查找字体”命令，打开“查找字体”

对话框，如图 2-2-42 所示。

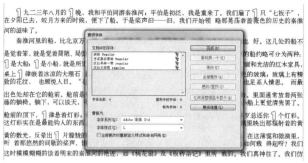

图2-2-42

（2）选择一个需要更改的字体，接着在"字体系列"选项下拉列表中选择需要更改的字体，单击全部更改，如图 2-2-43 所示。

图2-2-43

✎ 五、创建目录

目录中可以列出书籍、杂志或其他出版物的内容，并可以显示插图列表、广告商或摄影人员名单，也可以包含有助于读者在文档或书籍文件中查找信息的其他信息。在一个文档中可以包含多个目录，例如章节列表和插图列表。

1. 创建目录

（1）打开"朱自清散文 .indd"，在第 1 页的前方添加 1 页。

（2）然后执行"版面"→"目录"命令，打开"目录"对话框，如图 2-2-44 所示。

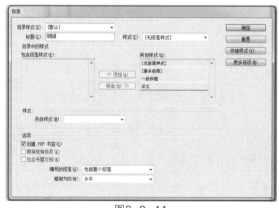

图2-2-44

（3）在"目录样式"选项的下拉列表中选择目录样式，默认状态下为默认样式。在"标题"文本框中输入文字，设置目录的名称。"样式"选项设置目录文字的样式。

（4）在"其他样式"选项中，选择应用哪种样式的文字成为目录。接着单击"添加"按钮，将该样式添加到"包含段落样式"选项中，如图2-2-45所示。

（5）单击"更多选项"按钮，在对话框中显示较多的选项，如图2-2-46所示。

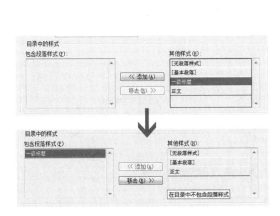

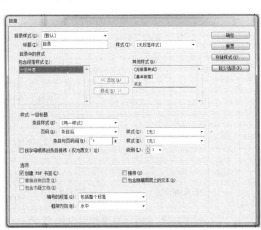

图2-2-45　　　　　　　　　　　　　　　　　　图2-2-46

（6）"条目样式"选项设置目录正文文本的样式；"页码"选项设置页码的位置，并设置是否在目录中显示页码，在"页码"选项后的"样式"选项设置页码的样式；"条目与页码间"选项设置文本和页码之间连接的符号，该选项后的"样式"选项设置文本和页码之间符号的样式，如图2-2-47所示。

图2-2-47

（7）设置完毕后单击"确定"按钮，在页面中拖动鼠标，即可在视图中创建目录，如图2-2-48所示。

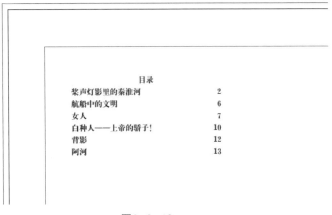

图2-2-48

2.3　了解生产任务

出版社给排版公司下达生产任务时，通常会提供"任务通知单""书稿排版要求""小样文件"以及排版原稿（电子文件）等，如图 2-3-1 所示。

×××××× 公司　　图书排版通知单			编号：　　　日期：　　年　月　日	
甲方：××××××公司	电话：	联系人：	收到传真签字回复：（　　　　）	
乙方：	电话：	联系人：	QQ：	
书名科目		稿件形式	发排时间	完成时间
排版要求	1、成品尺寸：　　　　版心尺寸： 2、正文字号、字体、每面行数＊每行字数、行间距： 3、正文排版：天头、地脚、装帧侧、切口侧留白尺寸、页码要求： 4、书眉、栏目设计、分栏情况（版式设计）： 5、图、表排版要求：		6、校对或第一次清样控制错误率要求： 7、扉页、前言、目录、版权页排版要求： 8、三校样及出样时间： ①交付样章日期：　　年　月　日前。 ②一校样 　一校样出样时间：　年　月　日前，一校样错误率不超过 1‰。 ③二校样 　二校样出样时间：　年　月　日前，二校样错误率不超过 5。 ④三校样 　三校样出样时间：　年　月　日前，三校样错误率不超过 1。	
制版公司电话：　　　　QQ：　　　　邮箱：　　　　联系人：				

哈工大出版社书稿排版要求

1. 编写体例和示例

（1）开本：16 开，每页 39 行×39 字；加书眉（单页书名、双页书名，小 5 宋）。

（2）全书章节体例如下：

第 1 章　××××××××	（一级标题，小一号，标宋，居中）
1.1　××××××××	（二级标题，3 号，准圆，居中）
1.1.1　××××××××	（三级标题，小四号，标宋，居左，前缩两格）
1.　××××××××	（四级标题，五号，黑体，居左，前缩两格）
(1)　××××××××	（正文字体，后缩文字序号排，或统一接排）
①　××××××××	（正文字体，后缩文字空一格接排）

第 2 章　××××××××

2.1　××××××××

2. "正文"样式

书稿正文使用五号宋体，西文及数字使用五号 **Times New Roman** 字体。

3. 例、定义、证明、解等字

书稿正文中"例"、"定义"、"定理＊＊"、"证明"、"解"等字排黑体，其中"例"、"定义"、"定理＊＊"在章内排序，排序包括章号，例如：

【例 1.1】×××××
【定义 2.1】×××××
【定理 3.5】×××××

4. 插图和表格

（1）插图序号按章编排，如"图 2.3 ××××××"。正文中一般先见文，后见图，图题位于图的正下方（小五号宋体字），图的位置不得跨节。图中的子图用(a), (b), (c)……编号，一般表述为"如图 2.3 所示"等。（另：图片除插入正文后，请再单独存储成电子版，标好序号，照片灰度图要求 300dpi 以上，计算机屏幕图要求直接保存成 bmp 或 tif 格式。）

（2）表格序号按章编排，如"表 4.2 ××××××"。表格中用小五号宋体字，表标题位于表的正上方，用小五号黑体字。正文中一般先见文，后见表，表的位置不得跨节，一般表述为"见表 3.1"等。

（3）插图、表格中的物理符号与单位符号之间用斜分线，如 L/m，其中，L 代表物理量，m 为该物理量的单位。并且数字与单位中间留半字空（一个英文空），数字三位一分节，如：123 mm，4 567 kg，21 400 000 等。

5. 公式

公式要居中；公式序号按章编排，用圆括号括起，写在公式右侧行末；公式与序号间不加虚线或点线，间隔用下点，如（1.1）。

6. 外文符号

（1）表示变量的符号（含上角标和下角标）用斜体，如：时间用 t，质量用 m。

（2）表示器件符号、物理量的单位、数学信息代码和计算机程序语言均为正体。

（3）对书稿中不通用的术语第一次出现要在后面的括号内附上英文，有缩写词的对应单词首字母大写，否则均为小写。

如：移动台（Mobile Station, MS）；　NS（Network Service, 网络业务）；
　　SMS（Short Message Service）；　微波（microwave）

7. 各章前、中、后的适当安排

各章前、中、后可根据本书具体需要，统一灵活安排一些诸如"本章要点"、"操作技巧"、"注意事项"、"本章小结"等内容，并用楷体表示。教材每章后面应附思考题，也可根据需要附上机操作题。

8. 完整的书稿要素

完整的书稿应包括"内容提要"（200 字以内）、"前言"、"目录"、"正文"、

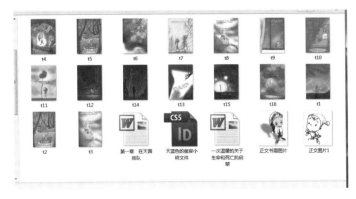

图2-3-1

　　排版工作人员要认真阅读排版通知单，排版要求以及小样文件，对排版任务要做到心中有数，并整理原稿，如有疑问应即时与出版社沟通。

2.4　图书排版工作流程

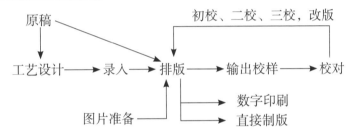

2.5　任务实例　《天蓝色的彼岸》图书排版

　　出版社向排版公司下达了《天蓝色的彼岸》排版任务，美编已设计好内文版式并提供了小样文件，排版工作人员参照小样对全书进行排版。

一、整理原稿

　　首先对原稿进行整理，整体把握稿件内容、风格、篇幅等。

二、解读小样文件

图2-5-1

通过小样文件，获得如下信息：

（1）成品尺寸：144mm×208mm。

（2）篇章页另页起暗码背白，"第 × 章"为大黑 18 点，章名为细等线 18 点，文字竖排，有插图。

（3）英文字母序号形式为 ，字体为新罗马（Times New Roman）体，16 点，占 3 行，另面起。

（4）版心 26 字 ×18 行，水平居中，上空 44mm。

（5）书眉设计：左页中文书名＋英文书名，右页篇章名＋英文书名；左右页均有小图片；中文字体为楷体 9 点，英文字体为新罗马体 8 点。

（6）正文字体书宋 10.5 点，行距 21.7 点。

（7）数字序号"1""2""3"……强制 3 行，书宋 10.5 点。

（8）页码在页面下脚居中有前缀"–"和后缀"–"。

（9）一级标题与二级标题间的导语用楷体。

三、排版技巧分析

1. 书眉右页中文是篇章名，可以使用动态变量以提高排版效率。

2. 篇章页的插图、文本格式一致，可以设计在主页上，并且名称可以使用动态变量以提高排版效率。

3. 英文字母序号插图、位置、文本格式一致，可以设计在主页上，并且序号可以使用动态变量以提高排版效率。

4. 粗略地查看文本文件，可见阿拉伯数字只出现在序号中，正文中没有出现，故可以用"查找\改变"来快速设置数字序号的样式。

四、操作步骤

1. 新建文档，按成品尺寸设置页面大小，并设置版面网格，参数见图 2-5-2 所示。保存文件为"天蓝色的彼岸排版 .indd"。

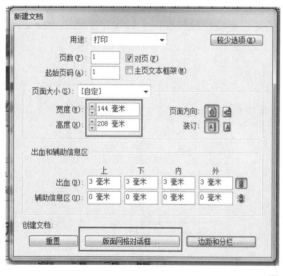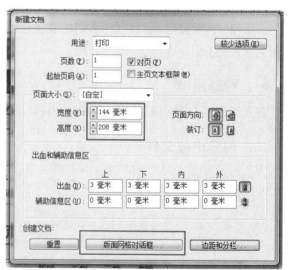

图 2-5-2

2. 单击段落样式下拉菜单执行"新建段落样式"命令。样式名称键入"第 ××章"，光标插入到"快捷键"，按下"Ctrl+1（小键盘的数字键）"，设置快捷键"Ctrl+1"，设置字符颜色为 ☑ "无颜色"，如图 2-5-3 所示。

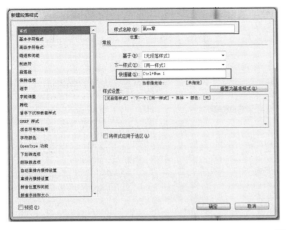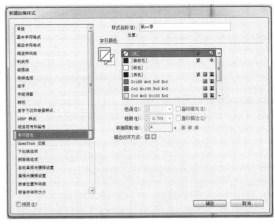

图2-5-3

3. 同样的方法新建段落样式, 样式名称为"篇章名", 设置快捷键"Ctrl+2", 设置字符颜色为☑"无颜色"。效果如图 2-5-4 所示。

图2-5-4

4. 同样的方法新建段落样式, 样式名称为"英文字母序号", 设置快捷键"Ctrl+3", 设置字符颜色为☑"无颜色"。效果如图 2-5-5 所示。

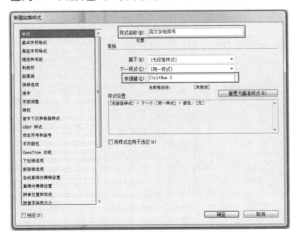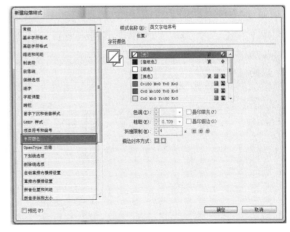

图2-5-5

5. 新建段落样式，样式名称为"导语"；设置快捷键"Ctrl+4"；单击"基本字符格式"选项，设置字体为"汉仪楷简体"，大小为"10.5 点"，行距为"21.7 点"；单击"缩进和间距"选项，设置"对齐方式"为"居中"。效果如图 2-5-6 所示。

图2-5-6

6. 新建段落样式，样式名称为"数字序号"；设置快捷键"Ctrl+"；单击"基本字符格式"选项，设置字体为"方正书宋简体"，大小为"10.5 点"，行距为"21.7 点"；单击"缩进和间距"选项，设置"对齐方式"为"居中"。单击"网格设置"选项，设置"强制行数"为"3 行"。效果如图 2-5-7 所示。

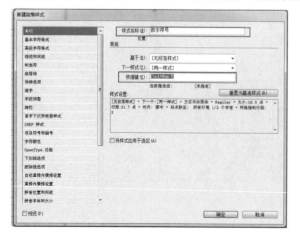

图2-5-7

7. 执行"文字"→"标点挤压设置"→"基本"，单击"新建"，弹出对话框，名称键入"正文"，"基于设置"选择"所有行尾 1/2 字宽"，单击"确定"，"段落首行缩进"选择"2 个字符"，单击"确定"，如图 2-5-8 所示。

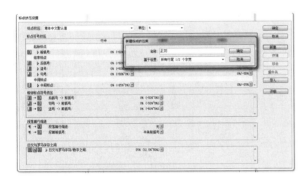 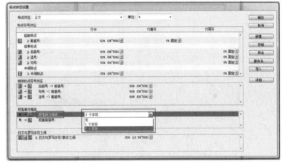

图2-5-8

8. 新建段落样式，样式名称为"正文"；设置快捷键"Ctrl+6"；单击"基本字符格式"选项，设置字体为"方正书宋简体"，大小为"10.5 点"，行距为"21.7 点"；单击"缩进和间距"选项，设置"对齐方式"为"双齐末行齐左"；单击"日文排版设置"，"标点挤压"选择"正文"。效果如图 2-5-9 所示。

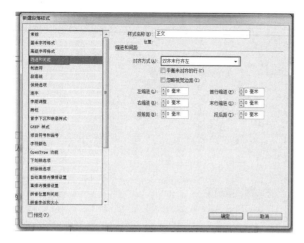

图2-5-9

9. 打开"天蓝色的彼岸小样文件 .indd",确定第一页为编辑状态,"Ctrl+A"全选页面内容,"Ctrl+C"复制,使"天蓝色的彼岸排版 .indd"主页为编辑状态,执行"编辑"→"原位粘贴"。效果如图 2-5-10 所示。

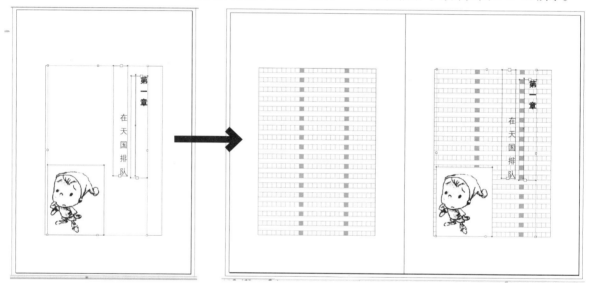

图2-5-10

10. 执行"文字"→"文本变量→"定义"命令,单击"新建",弹出对话框,"名称"键入"第××章","类型"选择"动态标题(段落样式)","样式"选择"第××章",单击"确定"。方法相同新建变量"篇章名称"和"英文字母序号"。单击"完成"。效果如图 2-5-11 所示。

图2-5-11

11. 用文字工具,选中"A- 主页"上的"第一章",执行"文字"→"文本变量→"插入变量"→"第××章"命令,用文字工具选中"A-主页"上的"在天国排队",执行"文字"→"文本变量→"插入变量"→"篇章名称"命令,效果如图 2-5-12 所示。

12. 单击"页面"调板右侧下拉式菜单,执行"新建主页"命令,创建主页"B- 主页",切换到"天蓝色的彼岸小样文件 .indd",使第 3 页为编辑状态,框选书眉、页码以及英文字母序号和图形,使"天蓝色的彼岸排版 .indd"的"B- 主页"为编辑状态,执行"编辑"→"原位粘贴",效果如图 2-5-13 所示。

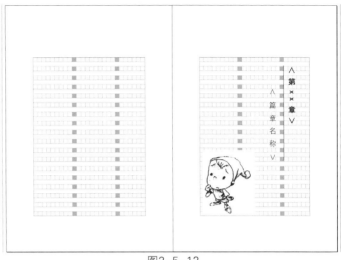

图2-5-12

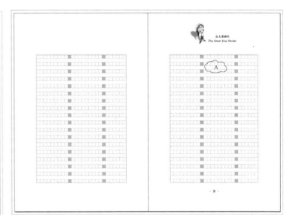

图2-5-13

13. 用文字工具,选中"B- 主页"书眉上的"在天堂排队",执行"文字"→"文本变量→"插入变量"→"篇章名称"命令,效果如下图所示,用文字工具选中"B- 主页"上的"A",执行"文字"→"文本变量→"插入变量"→"英文字母序号"命令。复制左页内容到右页,修改中文书眉,如图 2-5-14 所示。

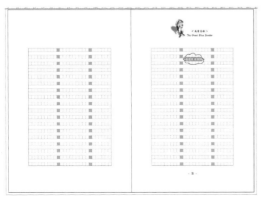
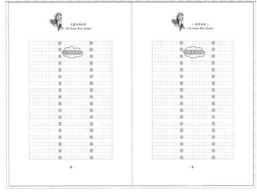

图2-5-14

14. 确定"B- 主页"跨页为被选中状态，单击"页面"调板右侧下拉式菜单，执行"直接复制主页跨页 B- 主页"命令，创建主页"C- 主页"，删除主页上的 ⬚。效果如图 2-5-15。

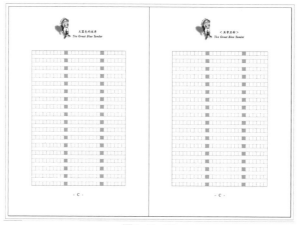

图 2-5-15

15. 确定第 1 页为编辑状态，"Ctrl+D"置入 word 文件"天蓝色的彼岸 .doc"，按下 Shift 键单击鼠标左键，自动排文，如下图 2-5-16 所示。

图 2-5-16

16. 在"第一章"后单击"Enter"强制换行，在"在天国排队"后插入分页符，快捷键为"Ctrl+Enter"，应用主页"A- 主页"，光标插入到"第一章"字符中，使用快捷键"Ctrl+1"单击向下方向键，光标移动到下一行，使用快捷键"Ctrl+2"，效果如图 2-5-17 所示。

图 2-5-17

17.第 2 页应用主页"无"，下移光标，第 3 页应用主页"C- 主页"，光标插入到"A"，使用快捷键"Ctrl+3"，在"A"后单击两下回车键，单击下箭头键，使用快捷键"Ctrl+4"，反复单击下箭头键，使光标移动到数字序号行，使用快捷键"Ctrl+5"。效果如 2-5-18 所示。

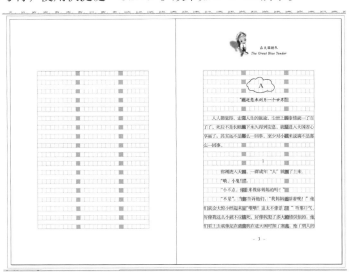

图2-5-18

18.用同样方法编辑后面所有内容，效果如 2-5-19 所示。

图2-5-19

19.文中有许多空格，用"查找/更改"功能批处理删除所有空格。快捷键"Ctrl+F"打开"查找/更改"选项框，在文中用文字工具选中一个空格，复制并粘贴到查找内容选框中，"搜索"选择"文章"，单击"全部更改"，把所有"空格"都删除了。单击确定，再单击完成。效果如 2-5-20 所示。

图2-5-20

20. 在图书排版行业规范中有"单字不成行，单行不成面"的规定。排完版后要检查页面中有没有单字成行，单行成面的情况，如果有这种情况，要进行"缩行"或"缩面"处理或者适当增大字间距，向下增加字数或行数。效果如 2-5-21 所示。

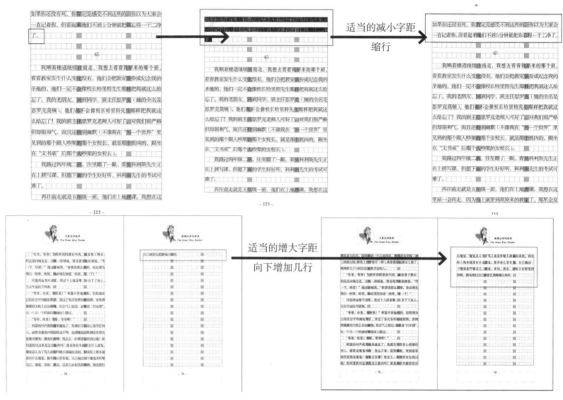

图2-5-21

21. 视图模式选择"预览"，单击"Alt+page down"键向下翻页，检查一遍排版文档，检查内容包括主页应用是否正确，特别注意白页部分不要带书眉和页码，检查标题格式是否正确，检查是否有单字成行、单行成面的情况，发现及时修改。

22. 执行"版面"→"页面"→"插入页面"命令，在第一页插入 6 页。效果如 2-5-22 所示。

23. 在页面调板中选中第七页，单击鼠标右键，执行"页码和章节选项"，弹出"页码和章节选项"选项框，勾选"开始新章节"，选中"起始页码"键入"1"，文档章节编号选中"自动为章节编号"，单击确定，效果如 2-5-23 所示。

图2-5-22

图2-5-23

24. 在第一页至第四页排入序言部分，样式如图 2-5-24 所示。

图2-5-24

25. 执行"版面"→"目录"命令，弹出"目录"选项框，参数设置如图 2-5-25 所示，单击确定，提取出目录文本。

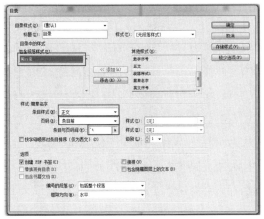
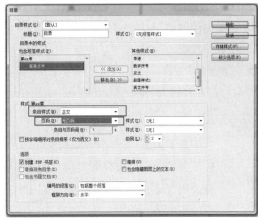

图2-5-25

26. 将目录文本粘贴到第 5 页，编辑文本，完成如图 2-5-26 所示效果。

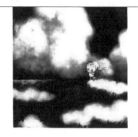

图2-5-26

27. 导出 PDF 文件，打印小样。

28. 校对。

29. 改红。

30. 打印小样。

31. 校对，改红。

32. 导出 PDF 文件，完成任务。

　　本章讲解了图书排版基础知识，行业规范，软件应用技巧，工作流程以及以从业者的角度完成任务实例。为了提高工作效率，除了熟记快捷键，从业者还需对应用软件充分了解和熟悉，在工作中不断探索和总结，才能找出提高工作效率快捷简便的方法。

2.6　练习与拓展

出版社下达《换个角度做自己》图书排版任务,任务单和小样如图 2-6-1 所示,请你完成排版任务。

×××××× 公司　　图书排版通知单				编号:　010		日期:2015 年 9 月 1 日		
甲方:×××××× 公司		电话:12345678　联系人:张 ××			收到传真签字回复:(　　　　)			
乙方:		电话:22345678		联系人:李 ××		QQ:123456		
书名 科目	《换个角度做自己》			稿件 形式	电子稿	发稿 时间	2015 年 9 月 1 日	完成 时间	2015 年 9 月 29 日
排 版 要 求	1、成品尺寸:160x230mm 版芯尺寸: 2、正文字号、字体、每面行数 * 每行字数、行间距: 11 点,汉仪书宋一,"实例"用汉仪楷体,30 字 x26 行,行间距, 9 点,行距 20 点 3、正文排版:天头、地脚、装帧侧、切口侧留白尺寸、页码要求: 天头:26mm,水平居中,页码左右两侧,缩进版心 1.5 个字,加装 饰线详情见效果样稿。 4、书眉、栏目设计、分栏情况(版式设计): 书眉双页书名,单页章名,一栏,"篇"背白. 正文"实例"部分 用楷体,详情见效果版式设计样稿 5、图、表排版要求:			6、校对或第一次清样控制错误率要求: 7、扉页、前言、目录、版权页排版要求: 详情见版式设计样稿 8、三校样及出样时间: ①交付样章日期:2015 年 9 月 7 日前。 ②一校样 　一校样出样时间:2015 年 9 月 12 日前,一校样错误率不超过 1‰。 ③二校样 　二校样出样时间:2015 年 9 月 17 日前,二校样错误率不超过 5‰。 ④三校样 　三校样出样时间:2015 年 9 月 24 日前,三校样错误率不超过 1‰。					
制版公司电话:×××××× 公司　　QQ:　2222222　　邮箱:222222					联系人:王 ××			

前言

　　"青春应该怎样度过,才会不后悔呢?"很多人都曾为这个问题苦
恼过。青春是短暂的,又是人生最为关键的时期,这个时期怎样度过,
将直接影响你以后的生活。

　　当然青春期也是苦恼和困惑最多的时期,各种各样的苦恼和困惑
都会在这个时期找上我们。其实,之所以会这样,往往都是因为我们
不懂得换个角度去做自己。青春就那么几年,在这几年短暂的时期里
自己想做的事情也就那么一些,但我们经常因为这样那样的原因,阻
碍自己的行动;想要做,又因为这样那样的原因畏畏缩缩,让自己失
去行动的主动性。这样一来,苦恼和困惑自然就多了。

　　可细想想,这些苦恼和困惑完全是我们自找的。这个世界上的任
何事情都不会只有一面性,我们站的角度不同,所得出的结果自然
就不同。与其让外界的因素来阻碍自己的行动,倒不如换个角度去做
真实的自己。做自己想做的事情,让自己的青春充满着惊喜。所谓的
苦恼和困惑是根本就不存在的,只要你在心里给自己打开一扇窗户。
青春是美好的,也是充满着惊喜的,但只有换个角度去观察才会发现。

　　当然,正青春的我们也都有着自己美好的梦想,也都渴望着自己
能够实现自己的梦想,取得成功。可是,实现梦想、追求成功的道路,

目 录

上篇 态度

Part1　这样的态度最正确

　　"什么样的态度才是正确的?"面对这个问题,很多人
都被懵着,找不到正确的答案。其实,做任何一件事情采
取什么样的态度,其决定权完全掌握在我们自己心里。什
么样的态度才是最正确的,这就需要我们去不断的实践中
去总结。因此,我们在做一件事情的时候,不要畏畏缩缩、
瞻前顾后,只要自己想做,并且认为是对的就大胆地去做,
一旦发现自己错了,就立即抽身离身,反省一下自己,让自
己在反省中学会成长。只有这样,我们才能逐渐明白什么
样的态度才是最正确的。

上篇
态度

"态度决定一切"，这句话我们并不陌生，这个世界上根本就没有什么事情是做不好的，关键还是自己的态度。当一件事情还没有做的时候，你就认为不可能成功，那成功的可能性自然会很小；当你在做一件事时，你不是很认真，那这件事情也一定不会有什么好的结果。态度决定一切，的确没错。任何一件事情，你付出了多少，采取了什么样的态度，就会有什么样的结果。

因此，当我们面对一些事情的时候，态度一定要果决，不要犹犹豫豫、瞻前顾后。自己是怎么想的，就怎么做，要相信自己的内心。如果你连你自己都不相信，那世界上还有什么值得你相信的呢？

Part1

这样的态度最正确

"什么样的态度才是正确的？"面对这个问题，很多人都犹豫着，找不到正确的答案。其实，做任何一件事情采取什么样的态度，其决定权完全掌握在我们自己手里。什么样的态度才是最正确的，这就需要我们在不断的实践中去总结。因此，我们在做一件事情的时候，不要畏畏缩缩、瞻前顾后，只要自己想做，并且认为是对的就大胆地去做，一旦发现自己错了，就立即抽转身，反省一下自己，让自己在反省中学会成长。只有这样，我们才能逐渐明白什么样的态度才是最正确的。

换个**角度**做自己

不抱怨自己的起点低

一些年轻人经常抱怨自己的起点太低，因为他们看到了生活中的种种不公平，有很多事情自己已经竭尽全力了，但还是比不过那些有着好的背景的人。这个时候，他们往往会生出很多怨气，认为和他人相比，自己几乎什么都没有，自己的起点实在太低了，这样想着，也就开始心灰意懒了。

其实，纵观那些成功者，他们的起点往往都是很低的，甚至低到让我们难以想象。但是，他们从来都没有抱怨过自己的起点低，而是将时间用来改变自己的这种低起点。

甘相伟，我们很多人已经不再陌生。他出生在一个贫穷农民家庭，就在他5岁的时候，他的父亲去世了，三婶（父亲的三弟弟）放弃了即将到来的婚姻，和他的妈妈组成了新家，担负起了抚养他和姐姐的义务。尽管这样，家里还是一直都不富裕，每年的学费都是借的。

没有任何的退缩，他告诉自己，放学后一定要这么走着回家，因为这样可以磨炼自己，让自己在遇到困难的时候有积极的心态予以调整。每次走在路上他都问自己什么时候才能够走出这个大山，并坚信知识能够改变命运，所以一直都非常努力地看书和学习。

高中的时候，因为经济压力和高考的压力，再加之自己对首次来到陌生的县城，他有一种不适应感，这种不适应感让他的心态渐渐地变得不好了，学习成绩跟着下降了一些，经历过一次退学。他有一个表哥在上海打工，所以退学后的他也来到了上海打工，每个月都挣着700块钱，后因深深体会到生活的艰辛，没文化没学历的艰难境况，以及那种

换个**角度**做自己

在接受记者采访的时候，他这样说："我是从农村来的，我一直在想这样一个问题，在中国这个社会，像我这样一个从社会底层来的小人物，这一生到底能走多远？同时我心中也在想，一直有一个信念，知识能够改变命运，我一直秉承这样的信念在走我自己的路，做真正的自己。"

起点并不能决定终点，因此一定不要抱怨自己的起点低。只要我们肯努力，不让外界的因素左右自己的想法，按照自己的方式做着自己想做的事情，再低的起点都不能左右我们。甘相伟就是一个典型的例子，他的起点或许对我们很多人都难以想象，可他不但没有抱怨自己的起点低，还努力改变着自己的起点。他坚信知识能够改变命运，便想着方法地获得知识，凭借着知识来真正改变自己的命运，做一个真正的自己。

无论你的起点再怎么低都不要抱怨，因为抱怨在任何时候都是不会起任何作用的。与其抱怨，还不如试着去改变。起点低，其实也就意味着你比他人多了一些磨炼自己的机会，这些机会将有助于你获得成功，因此你要好好地把握住这些机会，给自己的青春制造一些惊喜。

智慧点拨

不管自己的起点再怎么低都不要抱怨，要学会接受并试着去改变。要知道自己的起点低，自己就多了一些磨炼自己的机会，也就意味着自己更容易取得成功。

图2-6-1

一、阅读图书排版生产通知单，解读小样文件，获取信息

1. 成品尺寸：

2. 正文字体、字号、行距要求：

3. 正文排版要求：（边空、页码样式等）

4. 版式设计要求：（书眉设计样式、篇章样式、分栏情况等）

二、排版技巧分析

Part 3 ■ 报纸版式设计与制作

报纸版面的设计很重要。报纸每天的版面既不能重复，又要体现一份报纸特有的风格。一个好的版面可以更好地表现舆论导向的正确性、版面内容的可读性，也可充分展示其可欣赏性。对读者而言，看到这样的版面是一种享受，会引起你精读内容的强烈欲望。

本部分将通过报纸头版设计的实际案例讲解整个版面的设计流程，从相关报纸知识到如何划版、设计，再到预检、导出 PDF、转曲等步骤做详细讲述。

3.1
报纸版式设计基础知识

3.2
报纸版面编排之前的准备工作

3.3
报纸版面设计流程

3.4
任务实例

3.5
练习与拓展

3.1 报纸版式设计基础知识

报纸是以刊载新闻和新闻评论为主的有固定的名称并以定期、连续、散页的方式向公众发行的印刷出版物，是大众信息传播的重要载体，具有反映和引导社会舆论的功能。报纸版面的设计很重要，每期的版面既不能重复，又要体现一份报纸特有的风格。一个好的版面可以更好地表现舆论导向的正确性、版面内容的可读性，又可以充分展现报纸版面的艺术性。好的报纸版面是一种享受，会引起读者对内容的强烈阅读欲望。

报纸的分类方法很多，主要有以下几种分类。

（1）按照报纸幅面可分为对开报纸和四开报纸两大类，对开报纸又称大报，如《人民日报》《光明日报》等，四开报纸又称小报，如《京华时报》《新民晚报》《齐鲁晚报》等，多数地方报纸都是小报。

（2）按照出版期间可分为日报、周报等。

（3）按照出版时间可分为晨报、晚报等。

（4）按照内容性质可分为综合性与专业性两大类。综合类报纸一般以日常生活、重大时事、文艺体育等各方面与人们息息相关的新闻报道为主。专业性报纸按行业、学科、专题等分类，如《中国花卉报》《足球报》《计算机世界》等。

报纸是一种传统的纸质阅读媒介，可随时阅读，不受时间和空间限制，可以互相传阅，还可以收藏，所以报纸拥有广泛的阅读群体，跨越社会各个阶层，从大城市到小城镇都可以见到报纸的踪影。因为报纸价格低廉、时效性强、信息量大、出版周期短，所以具有广泛的群众性，同时报纸的作者队伍也极其庞大。由于报纸的信息量大，幅面也比一般的书籍、杂志大得多，所以版面设计也相对复杂，与图书的设计有很大区别。报纸每期都有固定的报头，不必设计图书那样的封面。报纸版面讲究文字、图稿的合理布局与巧妙组合，注重标题的制作和排列的丰富多样化，讲究块状文字的错落组合。

随着各大报纸市场竞争体制的成熟，现代报纸在版式设计时，借助新技术、新材质，为争取更大的阅读市场而不断完善自己的个性化、信息化、审美性、可读性。网络媒体的崛起对纸媒体有很大的冲击力，但因其具有不可替代的优点，目前来说报纸仍然占据很大的市场份额，同时各大报业集团也积极推出电子版、网络版报纸，以迎合不同的读者群体。

一、报纸版面常见名词

下面我们来了解一下报纸版面设计中常见到的名词以及相关基础知识。

1. 版面

版面是一张报纸一个版的幅面，是对报纸规格的称呼（例如，人民日报周一至周五每日出对开 16 版），以印刷用纸的全张幅面为计算单位。一张全开纸(1 092 mm × 787 mm)能切成多少张，叫作多少开。全张纸幅面的 1/2 叫对开报（折叠后单面尺寸为 390 mm × 540 mm），报纸也叫对开四个版；全张纸幅面的 1/4 叫四开报也叫小报（折叠后单面尺寸为 270 mm × 390 mm），现实生活中也比较常见一些幅面不规则的报纸版面，如宽幅、窄幅报纸等。

2. 版序

版序即版面排列的先后次序，有以下几种方式。

第一种：多张叠在一起，第一张正面为第一版和最后一版，背面为第二版和倒数第二版。

第二种：分张依次叠放，第一张为一至四版，第二张为五至八版。

第三种：分若干版组，每一组由多张叠在一起。

第一种与第二种版序为自然版序。第三种多版组的版序打破了自然版序，出现多个头版（首页），有利于报纸的内容分割，方便读者选择阅读，例如，有些报纸以 A 版组、B 版组、C 版组等来分叠排列。

3. 头版

头版即报纸的首页，类似报纸的封面，为一份报纸最重要的位置，一般用来报道重大新闻、事件，进行重大新闻导读。在头版中，头条又是重中之重。

4. 头条

头条是报纸各版的首条消息，通常刊登在横排报纸的左上角或上半版，特别引人注目。

5. 报头

报头总是放在报纸的最显著位置，一般会在头版的左上角，也有的放在头版上面的中间。报头上最主要的是报名，常见由名人书法题写。

6. 报眉

报头下面常常用小字注明编辑出版部门、出版登记号、总期号、出版日期等。出版登记号说明这家报社已向国家新闻出版管理机构登记，未经登记的报刊不管内容如何，都不能公开发行。

7. 报眼

报头旁边的一小块版面，通常在右边，通称报眼。对报眼的内容安排没有定规，有的用作内容提要、日历或气象预报，有的用来登重要新闻或图片，有的用来登广告。

8. 版心

报纸的版心是指报纸幅面除去周围的白边部分，由文字、图片等构成的部分。版心中基本的要素有字体、字号、字宽、行宽、栏宽、图片等。

9. 版式

版式是指版面的结构组成，它的组成主体是新闻信息。新闻信息由标题、正文和图片组成。

10. 基本栏

基本栏为构成版式的基本框架，是把横排报纸的版心纵向等分为若干栏，报纸分栏宜在 5—8 栏之间。例如，常见大报《人民日报》，采用 8 栏制，每栏正好排 13 个小五号字，对于 4 开小报则采用 6 栏制或 7 栏制，另外目前比较流行国外窄报尺寸，采用 5 栏或 6 栏制。

11. 栏式

栏式即分栏，是组成报纸版面的最基本形式。版式由各种分栏合理、巧妙地组合分隔，一般将常用的栏式称为基本栏，有时为了使版面有多种结构形式，也采用破栏式、合栏式和插栏式等。

12. 并栏与破栏

并栏也称变栏、合栏、长栏，为排文的基本形式。例如，按基本栏排，将 3 栏合并为 1 栏。对开大报的基本栏，一般指小五号字的 13 个字，4 开 7 栏报纸中一栏为小五号字的 10 个字。破栏也就是拆分，将若干栏合并后再进行等分，如将 3 栏等分为 2 栏。

13. 栏目

栏目不同于栏式,栏目是报纸定期刊登同类文章的园地,比如"科技天地""国际瞭望""读者来信"等。除栏目外,还有一些不定期的专版,范围比专栏更大一些,如组织一些讨论、研究等。专版有一定的时间性,不像定期专栏那样固定。

14. 中缝

中缝是指一张报纸相邻两块版之间的空隙,可留作空白,也可刊登广告、转文等。

15. 报纸常用字体、字号

现代报纸排版工艺变成计算机排版后,不但排版速度加快、劳动力减少、排版效率提高,而且字体越来越丰富,可选范围很大,字体字号的设置、修改也极其简单。

(1)字体。激光照排的报纸汉字常用基本字体有:书宋、报宋、小标宋、仿宋、黑体、楷体等。另外,还有一些可选字体,如隶书、魏碑、行楷、大黑、准圆等,还可以为字体添加倾斜、旋转、阴阳、空心、立体以及变形等效果。

(2)字号。目前,激光照排报纸出版系统一般都配有从小 7 到大 22 多种字号,可在基准字字体上放大或缩小。

16. 报纸常用线条、花边和底纹

可以利用线条使版面更加灵活、形式感更强。线条包括实线、点线、波浪线等,在版面使用中很普遍,利用线条可以合理地将版面组排、划分,现代版面多流行使用横粗竖细的线条。

另外还有花边和底纹的使用,这在以前的报纸中比较常用,随着生活节奏的加快以及设计简约美的流行,花边和底纹在报纸中使用得越来越少,主要在娱乐、生活版面出现。使用花边可以清晰划分版面结构,并为版面增加装饰性。底纹不仅可为版面增加层次感,而且更加增强了标题的视觉冲击力和艺术表现力。在实际版面设计中可根据具体情况选择,使用合适的装饰和分割。

17. 报纸广告

报纸广告是常用的一种宣传手段,主要是指商业广告,还有一些通告、通知、启事以及文化娱乐广告等。一般报纸广告的版面大致可分为以下几类:跨版、整版、半版、双通栏、单通栏、半通栏、报眼、报花等。

二、报纸版面的色彩

色彩可为报纸版面确定基本色调,塑造版面风格。下面将学习版面用色的方法。

1. 确立版面基色色调

版面的色彩中应有主色调,掌握主色调在面积上占统治地位的原则,以求大处统一,小处对比,在对比中求统一。色调基本颜色一般宜占 7/10 以上面积。一般版面选用色调,最好以图片的色调为主,如图片是红色调,则整个版面采用红色调。色彩在色相上不要多变,在明度上追求变化,多选用邻近色,这样版面色调会显得和谐、统一。对比色注意明暗比例,以明度与纯度之间相互调节,使主色明、配色暗,做到层次分明,有渐进感,不过分生硬。合理利用明度对比、色相对比、纯度对比、冷暖对比、面积对比等。

2. 版面色彩不宜过多

用色过多容易造成眼花缭乱、视觉混乱、不知所言等局面,且会丧失设计品位,因此建议用色最好不超过 3 种。其中一种应与主题照片的色彩有所呼应,色彩面积一定要有大小对比。虽然版面要设

计得丰富多变，但整体感觉应该简洁大方、主题鲜明、干净利落。

在报纸版面设计中，主要内容的大标题最好以黑色为主，关键词或数字可以使用某种色彩突出强调，根据版面色彩需要，文中小标题可以用颜色较深的彩字。

应该避免使用小字描边，如果大字使用明度较高、色调较浅的颜色，会使文字难以辨识，降低对比度，不易阅读。因为报纸本身有一定的灰度，尽量少为文字添加底纹或底色，如果要添加，应该添加比较浅淡的颜色，总之要加强文字的对比度，增加可识别性，方便人们阅读。

3. 合理使用无彩色

黑、白、灰色被称为无彩色系、中性色，无论与任何色彩搭配，都不会产生视觉上的冲突。在报纸版面设计中，黑色被称为版面的主色调，具有最强的视觉效果。所以主要文章大标题尽量使用黑色，或者黑底白字。使用不同明度的灰色与任何色彩搭配，可以使版面显得雅致，白色主要用于版面的留白和栏距。适当使用黑、白、灰来间隔色彩可以起到缓和与稳定的作用，有时也会加强对比、增加层次，起到衬托的效果。

4. 使用色彩的注意事项

色彩的运用可以提高版面美感，使受众产生情感共鸣，但并不是使用得越多越好，一定要注意色彩的协调性。归根结底，色彩是为文字服务的，色彩的运用在丰富版面的同时，更应该提高文字的易见性，增加易读性。

黄色因为它的高明度，在白色新闻纸上的易见度最低。

橙色与任何一种颜色搭配都很清楚，它兼具红色与黄色的优点，柔和明快，易于为人们接受。

红色的易见度也很高，且符合中国人的心理色，一定程度上也是喜庆、着重、强调、警醒的象征。橙、红两色是目前报纸上常用的色彩。

要避免使用以下颜色明度相近的搭配：黄—白、绿—红、绿—灰、青—红、紫—红、紫—黑、青—黑等，这几种组合搭配的易见度低，应该尽量避免使用。

✐ 三、报纸版面的特点

传统上的报纸作为平面视觉媒体，通过印刷在纸上的文字、图片、色彩、版式等元素传达信息。近年来以网络等电子设备呈献给人们的电子版报纸，总体来说同传统版面采用相同的构图、构成方式，不同的是增加了很多的互动内容。但无论如何，一个好的报纸版面，应该使人感到既有可读、可视的版面内容，又有较高的思想性、艺术性，是思想内容、新闻内容与艺术美的完整结合体。

报纸最大的特点是它独特的版式，因为页面的大小和人们的阅读习惯，决定了报纸的版式不同于书籍或杂志，版式在报纸版面中扮演着举足轻重的角色，是报纸的视觉形象，版式的好坏直接关系着读者的视线定位，好的版式可以刺激阅读欲望。

报纸版面的设计终究是为文字所表达的信息服务的，一切都要围绕文字主题进行整体版面布局，合理采用与内容相符的版型，以保证版面结构严谨、脉络分明、简洁大方，巧妙地安排文章标题与插图。

✐ 四、报纸版面设计规则

好的报纸除了要有最重要的新闻内容之外，设计者还要赋予它最合适的形式，合理、规整而又有创意地组织图文内容，使用各种手法艺术性地展现在读者面前，向受众传达主题思想。如图 3-1-1 所示为国外优秀的报纸头版欣赏，读者可以从中学习一下版面设计的规则。

图3-1-1

版面形式千变万化，但万变不离其宗，报纸版面设计要讲究以下规则。

1. 重点突出、文章完整

简约中又有变化，简洁而不简单，是现代版面设计的趋势之一，对于信息量极大、更新速度又非常快的报纸来说，版面设计要求简单明了、直接切入主题，在分栏和模块较多的版面中经常采用一些实线、虚线等线框将文章的内容框起来，或者在分栏之间用线将其突出分隔，以强调模块化的效果，使其独立性更高，从而使读者更容易分清文章的接续、始末。版面设计既要突出重点，使文章区集中、完整，又要使阅读顺序流畅、自然、有层次感、节奏感，使读者一目了然，起到引导读者顺利阅读的作用。

2. 处理要主次分明

对于一般报纸来说要主次分明，轻重有别，强化最重要的标题，不可对标题均等处理，均等强化也就等于均等弱化。如果无法分清主次，就会让受众视觉没有焦点。一条视觉性强的标题，会使读者的视觉在瞬间受到吸引，强化记忆并激发出阅读全文的欲望。版面中和标题周围的空白空间，是版面不可缺少的部分，适度地留白空间不但具有版面可调效应，而且能使版面紧中有松、张弛有度，调解视觉疲劳，形成虚实强烈对比，突出重点标题的同时可给人以清爽的感觉。所以适度地留白空间，是版面的需要，但又不能无谓地浪费版面空间，版面的每一个空间都具有价值。

3. 正文处理要体现易读性

标题需要营造强弱不同的视觉感受，以吸引受众关注的目光，正文则是目光被吸引后顺理成章进行阅读的内容，在正文的处理上要掌握合理的字间距、行间距、字体、字号，以方便读者快速地扫描整行或多行文字信息，因此，正文字体要有易读性，符合阅读习惯，不能有太大变化，字号也要固定，这样才有助于读者加快阅读速度、浏览消化信息。但整体文章字块要与标题形成错落有致的穿插效果，呼应而又独立，严谨而又活泼，造成一种小的跳跃。或适当放置插图与题花，以缓解读者的视觉疲劳与阅读的枯燥感。

4. 图片的使用要体现主题

一幅好图胜过千言万语，甚至可以变成报纸版面的眼睛与灵魂，与读者交流情感，引发读者共鸣。合理而又巧妙地搭配图片，例如，照片、图表、漫画、地图或其他图形，还可以增加版面美感与跳跃性。通常情况下，图片也不是越多越好，报纸中使用的图片应尽量在版面的视觉中心，置于人们的最佳视觉焦点，同时注意避免浪费版面空间。

5. 广告的使用要与版面一致

在现代社会中，广告已成为报纸媒体不可或缺的组成部分。在报纸版面上如何安排广告的位置也成为版面编辑设计时需要认真考虑的问题。广告的版面一般由出版方提供预设大小，然后根据广告客户的需要来决定，可能是整版，也可能是半版或通栏，还有一些题花、刊头广告等。因此，在安排广告版面位置时，要考虑其内容形式是否与整个版面一致，特别是彩色报纸彩版上的广告，有时是彩色的，有时是套红的，有时又会是黑白的，一定要注意整体色调的协调。

6. 色彩的运用以协调为主

上面已经提到过色彩的运用，排版时要注意色调的协调一致，让读者在视觉上感到舒适、愉快、简洁、大方，一个彩色版面，如果色彩搭配不当，就会破坏版面的整体效果，切忌过多使用不协调的颜色，使版面杂乱无章，太过花哨。

✎ 五、报纸版面设计协作

现代报业的工作流程，相较以往的传统工作流程有了很大的不同，随着报业印前流程逐渐数据化、规范化，一些新的技术和产品概念，也越来越多地引入了报业印前出版技术，基于 InCopy 的报社协作流程，大大地简化和促进了出版编辑各方面的协同作业，是一种分工明确而又高效的协作方式。

Adobe 公司利用 InDesign 与 InCopy 相结合，形成一种协作式编辑出版工作流程，实现文字编辑与美编之间的无缝协作，改变了以往传统流程的很多弊病。采用 InCopy 能够实时处理版面文件，随写随排，降低循环校样的次数和出版成本。InDesign 与 InCopy 的协同作业使设计工作者能专心、专业于版面设计，而不用花费大量的时间进行不擅长的文章整理及文字修改。这一流程的运作方式建立在本地服务器的共享信息网络上，所有与报纸相关的文字、图片、版面、审校人员都可以通过中央服务器上的共享文件进行读取、编辑与更新。

具体流程步骤如下。

（1）设计人员根据新闻内容进行 InDesign 电子划版，创建基本版面模板，包含基本的版面尺寸、样式、文本及其他图形框架占位符等。

（2）为负责各个版面的编辑设置任务文件夹，将版式存储至本地网络中央服务器上。

（3）相关编辑人员可通过 InCopy 打开共享文件并对版面中的文本、图形进行审阅和编辑。即使设计人员仍然在 InDesign 软件中进行文档操作，多位 InCopy 用户仍然可以同时从服务器上读取同一份文件，打开其中的相应版面，并对自己负责的内容进行编辑。

（4）设计人员在 InDesign 中更新文档、整合确定，领导签字，发排打样等。

（5）打包发排、大量印刷。

3.2 报纸版面编排之前的准备工作

在报纸版面编排之前需要先确立版面的编排思想，找对排版方向，然后根据编排思想和各方面的相关知识，对版面进行构思、划版，合理确定版面的图文编排位置，确定标题的主次，突出主题思想并兼顾整体版面内容。

1. 确立版面编排思想

报纸版面一般是由多种内容、多篇文章组成的，这个版面要突出宣传什么内容，集中宣传什么思想，都有着自己的重点。版面编排思想，就是采用各种不同的版面手段，用版面语言向读者展示编辑的重点和方向，实现引导读者阅读的目的。

2. 版面形式的构思

确立版面编排思想后，接下来要着手做的就是确定用什么样的版面形式来体现，又用什么样的手段来实现这个主题思想，这就需要立意。在脑海中想象，并进行草图构思，这是版面设计的开始，立意要体现独特的版式风格，能准确地把编排思想和主题体现出来，在这个过程中要考虑众多的因素，也可以参考很多的资料或者其他样版。因此，要设计出一个优秀的版面，需要有全方位的知识，除新闻专业知识外，还要对文字、审美、印刷工艺、心理学等有一定的认知和积累。

3. 文章区、标题区的确立

确立文章区是版面设计的第一步，它是在版面编排思想的指导下，用具体的版式来实现的。文章区内容包括文章区、照片区、刊图区等所占有的版面空间。在已确定的文章区中，确立标题区是首要的。在确立标题区时要留有可调余地，使它为版面的形成充分发挥灵活、机动的调整作用。

3.3 报纸版面设计流程

1. 创建文档

创建新文档，设置页面大小、分栏、边距等参数。

2. 电子划版

文档创建之后根据设计构思使用框架占位符进行版面划分，给出一个大体框架，以利于整体版面的把握。

3. 置入图文

大体版面确定以后，就可以按部就班地填充与完善细节，置入对应位置的文本或图片，确定标题、正文、列项等内容，这一步骤需要花费大量的精力和时间，需要不断调整，尽量达到最好的视觉效果。

4. 版面调整

根据相关负责编辑的修改意见对文字、图片、版式、颜色等做进一步的调整，完善细节。

5. 打印清样

版面清样输出、检查。

6. 校改

针对输出样中出现的问题进一步调整、修改。

7. 打包输出

经责任人签字后，打包交付印刷。

3.4 任务实例 《新视角》版面设计

2015 年 9 月 6 日出版的报纸《新视角》排版任务下达，报纸共 4 版。以报纸头版操作过程为例讲解报纸排版的工作流程。

一、确立版面风格

头条大胆破栏，运用有张力的图片制造强大的冲击力，牢牢抓住读者的眼球，在读者第一眼扫过时就产生交流感，如图 3-4-1 所示。

图3-4-1

✍ 二、创建新文档

本报为窄报，折叠后的单面尺寸为 265mm（宽）×420mm（高）。

（1）在 InDesign 中，打开"新建文档"对话框，如图 3-4-2 所示，设置页数，这里的页数即为报纸的版数，

（2）一般报纸四边为纸色，与出血设置关系不大，所以出血大小保持默认即可。

（3）在宽度与高度文字框中输入相应尺寸 265mm（宽）×420mm（高）。

（4）单击"边距和分栏"按钮，打开"新建边距和分栏"对话框，设置上、下边距分别为 20mm，内、外边距分别为 15mm。各家报纸的版心大小设置不尽相同，对于 265mm（宽）×420mm（高）的窄报来说，目前比较流行 15—20mm 边距，看起来比较舒服，不会显得局促，也不会浪费空间。注意，对于报纸的排版设计来说，所有版面的版心大小及参数设置应该是完全一致的，在划版之前就要确定好，这样可以避免后期因统一版心尺寸而导致的字体、字号、版面尺寸的不一致，再重新修改会浪费大量的时间。

（5）设置"栏数"为 4，目前各个报纸比较流行的基本栏数设置为 4—6 栏，"栏间距"按照 5mm 的默认设置，单击"确定"按钮。参数设置效果如图 3-4-3 所示。

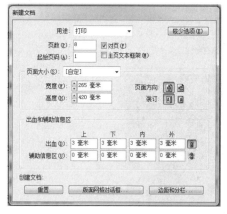

图3-4-2

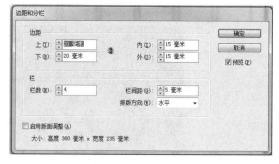

图3-4-3

✍ 三、电子划版

文档创建完成，下面就根据版面编辑的划版草稿进行电子划版，具体到报纸的每期或每个版面，内容和版面都各不相同，这里以具有代表性的头版划版为例介绍划版的方法。现代报纸的头版越来越重视头条的重点表现，在设计上也占用更大的版面，甚至使用通栏大幅图片，突出主题，吸引读者。目前，很多报纸在头版设计上与时尚杂志的封面表现越来越相似。总之，时尚、简约、现代、凸显张力是报纸头版图片与标题的设计方向。

1. 划分报头、报眉和报眼

使用"矩形框架工具"在版面顶部区域绘制 115mm（宽）×65mm（高）的框架，作为报头部分参考框架，接着绘制 108mm（宽）×65mm（高）的报眼框架，然后在报头框架里面画出报头、报眉框架，替换掉原先的报头参考框架，如图 3-4-4 所示。

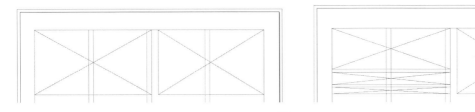

图3-4-4

2. 划分头条及广告版块

使用"矩形框架工具"以同样的方法划分图片、标题、副标题、正文、导读及广告版块，标题与副标题版块可置于同一个框架中，也可以分置于两个框架中。如 3-4-5 图所示。

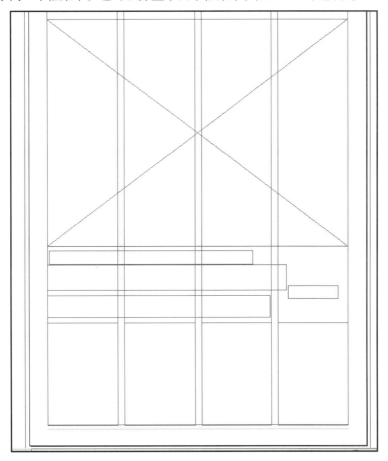

图3-4-5

3. 电子划版预览

大体的电子划版基本完成，但是目前划版后的版面线条太多，比较杂乱，难以区分，对于把握整个版面非常不利，因此，需要将占位符框架显示出来，并在预览模式下清楚地观察和调整。

下面讲述一下快速生成预览的方法。

（1）在"选择工具"状态下，划选所有框架，因为默认情况下框架描边为黑色，粗细为 0，所以预览中看不到。这里只设置描边的粗细即可，打开"描边"面板，在其中为边框选择合适的粗细点数，如图 3-4-6 所示。

图3-4-6

（2）选择"文字工具"，在需要填充文本的框架中单击，将占位符变成文本框架。

（3）在这些文本框架中单击右键，在弹出的菜单中选择"用假字填充"命令。

（4）按下 W 键，进入预览模式，如图 3-4-7 所示，即可看到大体的版式设置，便于直观地把握版面的整体分割与布局。

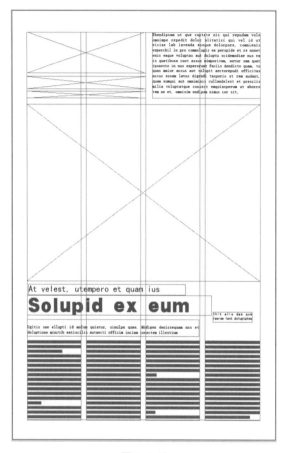

图3-4-7

✎ 四、设计报头与报眉

电子划版完成之后，接下来就要进行版面的填充与丰富工作了。进行报头、报眉的设计，因为报头与报眉内容在每一期报纸中都会出现，而且形式基本相同，所以这样的元素就可以利用主页来进行，在以后使用时，直接应用该主页即可，而不用重复设计。

1. 新建主页

打开"页面"面板，在主页区域中单击右键，选择"新建主页"命令，打开"新建主页"对话框，如图 3-4-8 所示，新建一个名称为"B- 头版报头"的主页，单击"确定"按钮。

图3-4-8

2. 复制框架

在刚刚划版的页面中将报头与报眉框架部分复制到 B 主页中，如图 3-4-9 所示。

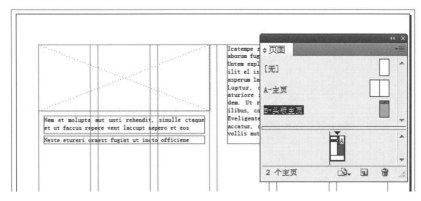

图3-4-9

3. 添加报名

在报名文本框中输入报纸名称"新视角"，并通过文字属性栏中的字体和字号选项设置报名的字体和字号，效果如图 3-4-10 所示。

图3-4-10

4. 为报头添加 logo

将"新视角 logo.ai"文件中的 logo 粘贴到文档中，调整到合适的大小。效果如图 3-4-11 所示。

图3-4-11

5. 设置报头出版日期等信息

用"文本工具"在 logo 右侧绘制一个文本框，输入出版日期和读者热线等文字，设置字体与字号，效果如图 3-4-12 所示。

图3-4-12

说明：每次报纸出版日期以及总期数是不同的，因此，在主页中利用文本框保留住文本设置字体，字号以及排版格式，在下一期报纸编版时，在版面应用了该主页之后，只要按住 Ctrl+Shift 组合键不放，并在对应位置单击鼠标，即可显示该文本框，从而方便地在其中输入对应的日期和总期数。

6. 设置报眉

报眉在头版中一般处于视觉弱势地位，过去传统的报纸一般在报头下面用一行非常小的字作为头版报眉，放置一些版权信息，如主办单位、网址、刊号、邮发代号、广告经营许可证号等。随着现代报纸头版封面化的趋势，头版报眉在设计上更加自由，很多报纸都将其放在头版的底栏当中。而在国外的头版版式中，通常都没有我们所说的报眉，是将报眉的内容置于报尾。《新视角》把报眉内容置于头版底栏，每一期报纸内容都相同，所以在主页上编辑。效果如图 3-4-13 所示。

图3-4-13

7. 其他版面报眉设计

报眉设计简洁，突出版题和版数，弱化编辑等工作人员姓名的显示。

由于其他版面的报眉通常是对开模式，所以我们重新设计一个对开的主页。在"主页"面板中双击"A- 主页"，进入到 A- 主页编辑状态。用"直线工具"在版心的顶部绘制一条直线，并设置线条的颜色为黑色。用"文本工具"在右上角绘制一个文本框，然后在菜单栏中选择"文字"→"插入特殊符号"→"标识符"→"当前页码"命令（快捷键 Ctrl+Shift+Alt+N），这时生成一个页码标志符"A"，设置它的字体和字号。效果如图 3-4-14 所示。

图3-4-14

用"文本工具"，在报眉线的左侧生成文字"编辑 /"，并设置字体和字号（应该比报纸的正文稍大）。按住 Alt 键拖动刚刚生成的文字框进行复制，置于"编辑 /"的右侧，然后将其中的文字删除，只保留文本框。效果如图 3-4-15 所示。

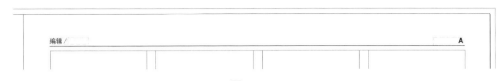

图3-4-15

说明：这里的设计比较关键。因为报纸各版面的编辑是不同的，因此，在主页中只利用空白文本框给编辑的姓名留出空间，将来在某版面应用了该主页之后，只要按住 Ctrl+Shift 组合键不放，并在对应位置单击鼠标，即可显示该文本框，从而方便在其中输入对应版面的编辑姓名。另外，预留这个空白文本框时，并没有采用通过"文本工具"直接绘制空白文本框的方式，而是采用复制前面有文字的文本框，然后删除其中文字的方式。这样做的目的是能够保持该文本框文字的字体和字号格式与前面的"编辑 /"文字相同。

用鼠标选中"编辑 /"文本框和后面的空白文本框，然后再次按住 Alt 键拖动选中对象进行复制，然后将其中的文字改为"版式 /"。用相同的方法再次复制，将文字改为"校对 /"，最后的效果如图3-4-16 所示。

图3-4-16

再次复制一个带文字的文本框，置于靠近页码的位置，并重新设置字体和字号，这个文本框用于输入每个版的版题，如图 3-4-17 所示。

图3-4-17

右击文本框，在弹出的快捷菜单中选择"文本框架选项"命令，弹出如图 3-4-18 所示的对话框。设置：在"常规"选项卡中设置"内边距"，上、下各为 1mm，左、右各为 2mm。内边距是文本框的各边和其中文本的距离值。

设置完毕单击"确定"按钮。再次右击文本框，在快捷菜单中选择"适合 / 使框架适合内容"命令，这将使得文本框架的大小正好包围住文字。

选中文本框，填充文本框为"黑色"，描边为"无"，用文本工具选中文本"新观点"，填色为"纸色"，效果如图 3-4-19 所示。

图3-4-18

图3-4-19

设计另外对称版面的报眉。注意页码和版题的位置要对称，效果如图 3-4-20 所示。

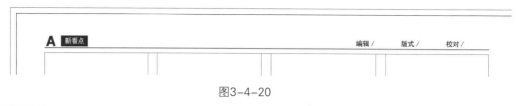

图3-4-20

8. 报尾设计

报尾设计同前面设计报头时的底栏设计方法相同，不同的是报尾放置在最后一版的下方，通栏文字主要为报社地址、电话、E—mail、印刷厂等信息。这里就不再详述了。

到此为止，关于主页的设计内容就全部结束了。下面就可以开始正式在报纸的各版面中排内容了。

✐ 五、设计版面

1. 页面应用主页

在编辑报纸版面的时候，首要的工作就是先将主页应用于各个页面。

（1）在"页面"面板中右击"B- 头版主页"，在弹出的快捷菜单中选择"将主页应用于页面"命令，弹出如下图所示的对话框。在"于页面"中输入主页要应用于哪个页面，在此将这个主页应用于头版，输入"1"，即将主页应用于报纸文档的第1页，如图 3-4-21。

图3-4-21

（2）单击"确定"按钮之后，原来报头在划版时留下的空白框架即变为主页的效果。但我们可以发现，在页面中应用了主页之后，要对报名下方报纸的日期、版数、期数等信息进行编辑。这时可以通过下面的操作将报纸信息变为可编辑。

按住 Ctrl+shift 组合键，然后单击报名下侧的报纸信息部分即可将主页中的文本框激活。进行编辑修改。

2. 报眼设计

本案例中报眼用作新闻导读，一般新闻导读部分内容主要是标题和摘要，可以采用直接复制、粘贴的方式置入文本，然后进行字体、字号等相关设置。

在报眼框架占位符中删除文字，插入一个三行一列的表格，从"新视角要目 .txt"文件中，复制相应的文字到表格单元格中，设置文字的字体、大小等。然后调整单元格以及文字的对齐方式，效果如图 3-4-22 所示。

图3-4-22

3. 置入图片

在划版时预留的图片位置置入图片。

选择为头版新闻预留的占位符框架，然后选择"文件"→"置入"命令，在弹出的对话框中选中要置入的图片文件，单击"打开"按钮即可将图片置入到图片框中。效果如图3-4-23所示。

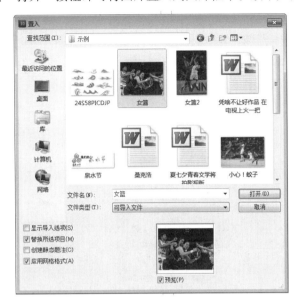

图3-4-23

4. 导入文章

导入文章也称灌文，是将记者撰写的文字稿件直接导入到 InDesign 中。通常导入的大都是 word 文档，当然也有一部分记事本文档。

在划版时为头条新闻预留的文本框中导入头条新闻内容。选中头条新闻的正文文本框，然后在菜单栏中选择"文件"→"置入"命令，在弹出的对话框中选中要置入的文件，单击"打开"按钮将文章置入到文本框中。

5. 取标题

从置入的文章中将标题剪切并粘贴到划版时预留的标题文本框中。

6. 版面调整与美化

导入内容后，根据客户或美术总监所提供的版式设计要求，对文章做进一步调整，设置标题样式应用段落格式、根据图片和文字的关系处理变栏和破栏，以及对一些重点新闻图片进行特殊效果的制作等。

7. 新闻稿正文的格式化

（1）标点挤压设置

在中文排版中，通过标点挤压控制汉字、罗马字、数字、标点等在行首、行中和行末的间距。标点挤压设置可使版面更加美观，默认情况下每个字符都占一个字宽，如果两个标点相遇，它们之间的距离太大则显得文字稀疏、断流，因此需要对其进行重新设置，以更加适合排版效果，这就是标点挤压。在中文排版中习惯段前空两格，使用"段落"面板的"首行左缩进"功能可调整段前空格的距离，但是根据字体大小的不同，需要设置不同的首行缩进距离（此操作要不断地重复，非常麻烦）。如果通过对标点挤压的段首符进行设置，则不管字体大小如何变化，段前始终都会保持当前所使用字号的两个字宽的空格。

打开"段落"面板，在"标点挤压设置"中选择"基本"选项，打开"标点挤压设置"对话框，单击"新建"

按钮，然后设置标点挤压名称，"基于设置"选择"所有行尾 1/2 字宽"，修改设置后存储即可。在"段落首行缩进"选项中选择"2 个字符"。效果如图 3-4-24 所示。

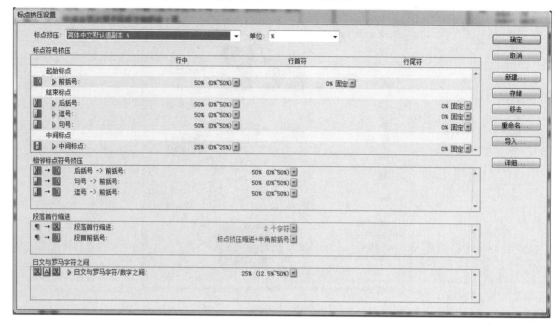

图3-4-24

（2）创建"文稿正文"样式。打开"段落样式"面板，单击右上角的下拉式按钮，在弹出的下拉式菜单中选择"新建段落样式"命令，弹出如图 3-4-25 对话框。

图3-4-25

（3）在"常规"选项卡中，输入"样式名称"为"文稿正文"，在"基于"下拉列表中选择"无段落样式"。单击左侧列表中的"基本字符格式"，进入图 3-4-26 所示的设置界面。在"字体系列"中选择"汉仪报宋简"，在"大小"中输入"9 点"，将"行距"设为"13 点"。

（4）在左侧列表中单击"日文排版设置"，进入图 3-4-27 所示的界面。在"避头尾类型"中选择"先推入"，在"标点挤压"中选择之前设置好的标点挤压样式"简体中文默认值副本"。

图3-4-26

图3-4-27

（5）设置完毕后，单击"确定"按钮即可完成报纸文稿正文样式的创建，此时在"段落样式"面板中会增加该样式。

（6）在报纸版面中，选择文稿正文所在的文本框，然后在"段落样式"面板中单击刚才新建的样式"文稿正文"，即可将该样式中设定的所有文本格式全部应用于所选文本框内的文字，从而快速完成文本格式化的工作。

（7）本报中"导语""本报记者""图片说明"都采用了相同的文字格式，所以分别设置如图3-4-28所示的段落样式，以方便在排版中应用，提高工作效率。

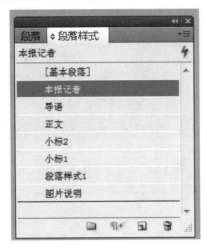

图3-4-28

8. 标题的格式化

现代报纸越来越趋向于彰显标题的版式风格，尤其是头版内容的标题，有时甚至会大过报头。具体的标题风格，有下面几个显著的特点。

（1）特大标题悄然流行。有时，我们看到的报纸头版标题特别大，这多见于对重大事件的报道。

（2）厚题薄文式的版面规则正在形成。标题和正文所占的版面比例是报版设计的一种习惯考量指标。现代报纸由"厚文薄题"转向"厚题薄文"，在一定程度上顺应了眼球效应的现代经济观念。

（3）标题装饰日渐稀少。现代人审美观念转变为以累赘之美，或许使很多人都产生了"审美疲劳"之感。这也难怪，现代人承受的是另外一种来自时间和空间的压力，当然更看好质朴简洁的美会给人带来空间感上的压力。过于复杂的花边、立体黑边、斜条底纹等。

（4）标题横排的时代。如果你注意一下的话，会发现竖排标题在现代都市报纸中几乎已经看不到了。过去，为了调整版面空间，利用版面有效空白，常用竖排标题，但现在，人们更注重的是版面的清爽和易读性。因此，竖排标题以及竖排文章已经失去了已有的"辉煌"，报业人士也大都认为报纸进入了横排时代。

另外，由于各篇文章的标题会随着所处版面、版位的不同而采用不同的格式，因此，报纸标题的格式化工作一般不采用创建段落样式的方式，而是直接进行格式设置。需要进行字号、颜色、字间距等设置，这些操作比较简单，可以在"字符"面板里完成，这里就不再详述了。

设置了标题格式之后，整个版面就开始变得鲜活起来了，已经没有了刚刚导入内容时的呆板，如图 3-4-29 所示。

图3-4-29

到此，头版中关于文字处理的工作已经基本完成。需要说明的是，文字处理工作占用报纸排版的大量时间，因此，虽然文字排版的方法比较简单，但要真正提高排版效率，还大有文章可做，下面列出一些文字排版的经验，供大家在实际工作中参考。

（1）在进行报纸排版时，对于某一篇文章的排版，最好是先排正文块，然后将正文块剩余的空间用于文章标题的排版。

（2）在正文块的排版中，每一个正文块都应该是符合排版规则的，看上去都应该是比较整齐的版面块。每一篇文章排版后的文章块（包括正文块和标题块在内）最好是一个有规则的形状，正文中最好不要出现多个拐角，以免走文混乱，读者阅读不方便。

（3）现代报纸版面中应该尽量少用竖排文进行排版，在正文块中加入标题后，要查看正文的走文是否仍然规范，因为有时标题会影响正文的格式。

（4）正文的行距和字距应该按报版的要求进行设置，并且一定要确保统一。正文的字距和行距统一有利于整个版面中文章之间的行与列的文字整齐，在操作中，无论在什么情况下都不要随意改变某一篇文章或者是一篇文章中某一些段落的行距和字距。广告的排版可根据版面空间的大小和排版的需要，使用改行距和字距的方法进行调整。

（5）在所排的版面中，应该确保某一个专栏（这个专栏可能由多篇文章组成，也可以只由一篇文章组成）所排的形状为矩形或正方形，但这个专栏中所组成的每一篇文章的排版可以错落有致，但也不能使某一篇文章的排版成为不规则的多边形。

（6）对于一些不规则空间，需要用到图文绕排的技能。

9. 内版设计

报纸头版的设计与制作结束后，剩下的工作就是内版的设计。

对于内版设计，在 InDesign 操作技术上基本没有特别之处，设计者主要面对的还是一个版面构成的问题。报纸内版版式更加严格遵守骨骼型构图形式，首先依据的是基本栏，然后根据新闻强势原则和主次顺序，将各版头条通过图文绕排以及图和文字的变栏、破栏操作打破基本栏死板的条状骨骼，从而产生轻松活跃的版面，使读者阅读时能第一时间看到重要新闻，同时能按照读者习惯的走文方式阅读内容。但要注意的是，之所以称为骨骼型版式，是因为版面是由基本的栏位和突破基本栏所获得的块组成，一定不要忘了设计时在每版中保持一个主的骨骼支撑，否则，全部分解成碎块，会使版面阅读性和整体性降到最低。

具体的版面设计构思要靠个人对项目的理解和个人的排版经验。什么样的版面结构比较流行，什么样的颜色比较醒目等都涉及美术和色彩的问题，而且很多时候也并不是单靠言传身教才能掌握的东西。希望有志从事排版设计的读者能够多看一些别人的版面，重点吸取别人成功的网格布局和配色方案，这样，对于自身的提高是十分有利的。刚开始可以采用一种临摹状态，慢慢地你就会发现自己会有一些寻求变化的冲动，这证明你已经汲取了不少设计思想，有了自己的想法，这时，就可以尝试独立表现自己的设计思想。

具体到内版的设计过程，这里就不详述了，效果如图 3-4-30 所示。

雪野湖边跑马 跑的就是心情

美景赛道、专业赛事赢得选手交口称赞

这群老人／
80 岁了还在跑

9 岁孩子／
跟妈妈一起跑

准爸爸／
首马送给女儿

五旬兄妹／
携手冲过终点

桑克浩、唐辉
分获男女组冠军
2015 环雪野湖
马拉松赛圆满落幕

上坡下坡／
最美赛道真是累

5 日，2015 环雪野湖马拉松赛在莱芜雪野旅游景区举行，记者张刚 摄

重回福地战鱼腩 国足需破铁桶阵

小心！
蚊子也能咬大象

中国队 0:0 战平香港后出线形势堪忧，对阵马尔代夫必须拿至 3 分。新华社发

本报记者 孟祥科

【自身】 如何破铁桶是关键

【对手】 蚊子也想咬大象

【福地】 沈阳能否带来好运

佩家军对阵排名百位之后球队时间

时间	对手	当月 国足排名	当月 对手排名	比分 (国足在前)	比赛性质
2015.9.3	中国香港	79	131	0:0	世预赛
2015.8.5	朝鲜	79	124	2:0	东亚杯
2015.6.16	不丹	79	159	6:0	世预赛
2015.1.20	朝鲜	96	130	2:1	亚洲杯
2015.1.10	沙特	96	102	1:0	亚洲杯
2014.12.21	巴勒斯坦	97	116	0:0	热身赛
2014.12.17	古巴	97	132	2:0	热身赛
2014.12.15	吉尔吉斯斯坦	97	132	0:0	热身赛
2014.11.14	新西兰	99	133	1:1	热身赛
2014.10.10	泰国	88	165	3:0	热身赛
2014.9.4	科威特	97	124	3:1	热身赛

《中国好声音》催火民谣
凭啥不让好作品
在电视上火一把？

本报记者 刘阳

在电视上唱民谣
依然很安静

民谣有了新华众
小众音乐不该离地为年

《中国好声音》迎周杰伦战队导师考核

周杰伦化身"纠结伦"几欲落

《星星的密室 2》重磅回归
叶组新冠军神话
能否续写？

携《长倩长爱》来济签售
夏七夕青春文学
将拍影视版

图3-4-30

排版时有一些特别要注意的，容易被忽略的问题。

（1）排版时应该根据报版的种类不同有区别地对其进行修饰处理，对版面进行修饰的轻重或是否进行修饰要看报纸版面的具体情况而定。对于一些新闻性较强的报纸版面，最好少用版面修饰功能，版面越简单越好；对于娱乐性较强的报纸版面，则可以适当增加一些修饰，美化一下版面。

（2）现代报版已经很少使用底纹、花边之类的版面修饰了，但如果在排版时必须采用这种修饰，那么要记住，不要将底纹设置得太深，以免影响到文字的效果；当版面需要深底纹或黑底纹时，可以使用"黑底白字"的效果。

（3）线条可能经常会用于版块分割，使用时要从整版考虑，粗细搭配要合理、对称，一般用两种粗细区别比较明显的线条搭配就可以了，现在普遍使用横粗竖细的规则。一定不要使用很多粗细不等的线条，这样会使版面的统一性和整体性受到影响。

（4）另外，报版的修改也是一个重要的工作内容。报版的修改主要包括修改文字和调整版面两个方面的操作。最好先修改文字，再调整版面。修改文字时使用"文章编辑器"窗口可以大大提高工作效率。在进行版面的调整时，当调整完成后，应该检查所调整的标题及正文文字是否排完，有没有掉字，如有掉字应及时进行调整，确保标题和正文文字一个不少。在对版面进行大幅度调整时，应该首先对重点文章进行调整，确保重点文章的版面位置及版面大小，其他文章只需简要进行调整，如出现多文或少文时，可让编辑协助解决。如果是整版调整，可将前面所排文章全部放在报版版心以外的地方，然后进行重新排版，以免在调整时文章之间相互影响，不仅节约不了时间，还容易出错。在只对版面进行局部调整时，可以先将不需要调整的文章块全部锁定，以免在调整时移动了这些文章块的位置。调整的范围不要扩大，在不影响排版规则的前提下，在一两篇文章之间就能调整好，就在这一两篇文章的版面内解决问题。

六、输出设计样

设计稿完成之后，可以直接打印设计样，以方便查看设计产品的效果，从而确定设计中是否存在问题。但通常在输出设计样之前，先利用 PDF 文档在电脑中观察设计效果。

（1）选择"文件"→"导出"菜单命令，打开"导出"对话框，在"保存类型"中选择"Adobe PDF（打印）"类型，然后单击"保存"按钮，弹出"导出 Adobe PDF"对话框，如图 3-4-31 所示，在其中设置各相关参数的选项。

图3-4-31

这里进行的是对输出 PDF 的一些相关设置。在"Adobe PDF 预设"下拉列表框中选择"印刷质量"，在"页面"中可以选择要将哪个页面输出为 PDF。当我们要输出所有的版面时，选择"全部"选项。另外，还可以选择"导出后查看 PDF"复选框，以便在导出操作完成时马上打开 PDF 文档。

（2）在左侧列表中选择"输出"，进入到输出参数设置的页面。如图 3-4-32 所示。从中可以看到，在"目标"下拉列表框中默认设置为"工作中的 CMYK"，也就是说，我们输出的 PDF 是模拟印刷分色后的效果，这样能够更加准确地把握设计中所使用的颜色。如果发现在设计中使用的屏幕显示颜色和印刷后经过分色的颜色出现偏差，可以及时返回文档进行重新调色。

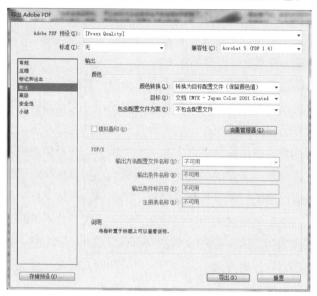

图3-4-32

（3）设置完毕后，单击"导出"按钮，即可将 InDesign 文档导出为 PDF 文档，并马上启动 PDF 预览，如图 3-4-33 所示。

图3-4-33

✎ 七、输出前预检

在 PDF 中预览并确定没有版式上的问题以及偏色现象之后，就可以进行文档预检，为将设计稿送到输出中心做好准备。

1. 打包预检

InDesign 的预检可以全方位检查文档信息，包括图片链接是否正确、字体是否缺失、图像是否有问题，以及色彩情况和打印设置等。

（1）在菜单栏上单击"文件"→"打包"命令，即可弹出如图 3-4-34 所示的预检结果。

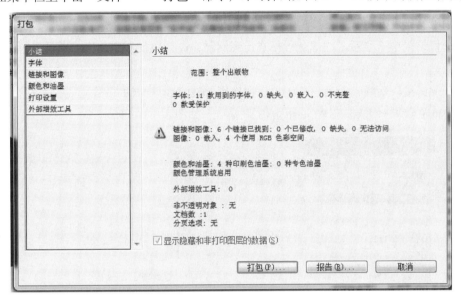

图3-4-34

（2）"小结"界面中给出了整个文档的检查结果。如果检查出有不符合输出设置的内容，可以从这个面板中查看。在左侧列表中选择"字体"项，进入到如图 3-4-35 所示的"字体"界面。

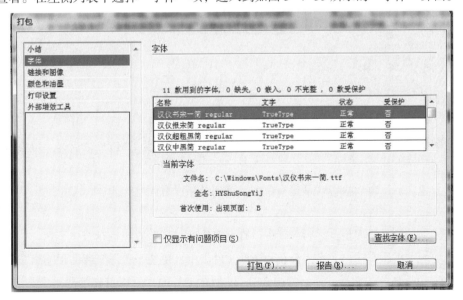

图3-4-35

（3）如果选择"仅显示有问题项目"复选框，则可以直接获得出错的信息。如果没有字体列表，则说明字体设置没有问题。

（4）在左侧列表中选择"链接和图像"，进入到图像检查详单界面。从图中可以看到，6个图像的链接状态正常，但有4个图像使用的是RGB色彩模式，即图像不符合印刷要求，需要我们稍后进行分色处理。

（5）如果检查到图像链接有问题，则直接单击"全部修复"按钮，会弹出选图的对话框，在其中重新选择图片建立链接即可。

（6）按照同样的方法可以查看"颜色和油墨""打印设置""外部增效工具"的检查结果。

2. 针对预检结果进行文档修正

上面的预检结果中，显示了图像色彩模式出现问题，需要我们对文档中的图像进行CMYK分色处理。

（1）打开"链接"面板，参考预检结果，在使用RGB色彩模式的图像上右击，在弹出的快捷菜单中选择"编辑工具"→"Adobe Photoshop CC"命令，如图3-4-36所示。

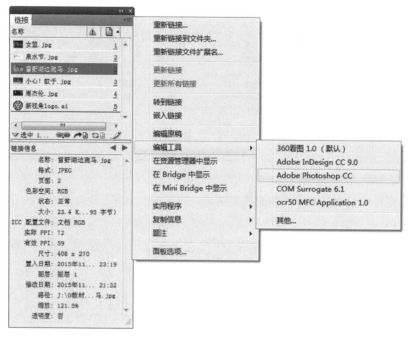

图3-4-36

（2）此时图像会被Photoshop软件打开，在其中设置色彩模式为CMYK之后以"覆盖源图像文件"的方式保存即可。

（3）全部分色之后，再次执行"预检"命令，直到结果没有问题为止。

3. 打包

再次预检，确保没有错误信息之后，就可以直接单击"打包"按钮进行打包了。

（1）打包功能可把所有输出元素集合在一个新文件夹中，更便于传送全部的预输出文件信息。

例如，单击"打包"按钮后，弹出如图3-4-37所示的界面。可以首先创建一个关于输出文件的说明和一些个人信息。

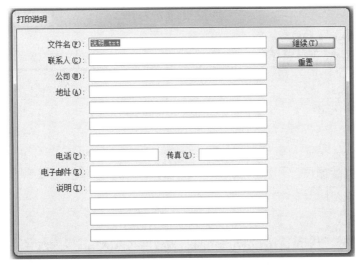

图3-4-37

（2）然后单击"继续"按钮，弹出的对话框和"保存"文件的对话框基本相似，但下面有几个重要的选项需要选择，如图3-4-38所示。

图3-4-38

（3）最后单击"打包"按钮，即可完成打包工作。实际上，到此为止，设计工作就结束了，只要把打包后的文件夹拿给专业的输出公司就可以了。

　　　本章讲解了报纸的版面构成、现代报纸的版式特点，报纸版式设计中的一些重要概念，报纸设计的工作流程，以及InDesign软件应用时涉及的主页设计和应用、段落样式的设置、预检和打包等技术。

3.5 练习与拓展

为学院设计一份学院报。

要求：

（1）院报共四版。

（2）报名为"朝阳院报"。

（3）报头上要有学院标志。

（4）出版时间自拟。

（5）各版面主题安排分别是：一版为学院新闻，二版为学生活动，三版为教学科研，四版为招生就业。

（6）报纸素材从学院网站上下载。

《朝阳院报》策划与设计制作		
成品尺寸： 边空：		
第一版，学院新闻稿件：		
（1）标题名：	图片个数：	文章字数：
（2）标题名：	图片个数：	文章字数：
（3）标题名：	图片个数：	文章字数：
（4）标题名：	图片个数：	文章字数：
（5）标题名：	图片个数：	文章字数：
（6）标题名：	图片个数：	文章字数：
第二版，学生活动稿件：		
（1）标题名：	图片个数：	文章字数：
（2）标题名：	图片个数：	文章字数：
（3）标题名：	图片个数：	文章字数：
（4）标题名：	图片个数：	文章字数：

（5）标题名：	图片个数：	文章字数：
（6）标题名：	图片个数：	文章字数：
（7）标题名：	图片个数：	文章字数：
（8）标题名：	图片个数：	文章字数：
第三版，教学科研稿件：		
（1）标题名：	图片个数：	文章字数：
（2）标题名：	图片个数：	文章字数：
（3）标题名：	图片个数：	文章字数：
（4）标题名：	图片个数：	文章字数：
（5）标题名：	图片个数：	文章字数：
（6）标题名：	图片个数：	文章字数：
（7）标题名：	图片个数：	文章字数：
（8）标题名：	图片个数：	文章字数：
第四版，招生就业稿件：		
（1）标题名：	图片个数：	文章字数：
（2）标题名：	图片个数：	文章字数：
（3）标题名：	图片个数：	文章字数：
（4）标题名：	图片个数：	文章字数：
（5）标题名：	图片个数：	文章字数：
（6）标题名：	图片个数：	文章字数：
（7）标题名：	图片个数：	文章字数：
（8）标题名：	图片个数：	文章字数：

画版式草图：

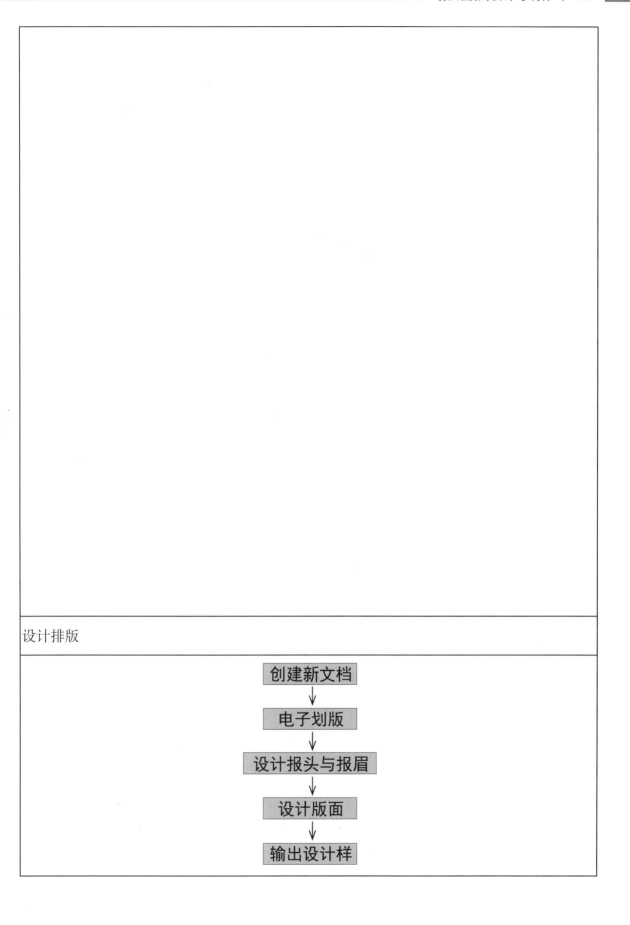

设计排版

创建新文档

↓

电子划版

↓

设计报头与报眉

↓

设计版面

↓

输出设计样

建议课时：32 课时

Part 4 ■ 杂志版式设计与制作

杂志是定期或不定期连续出版的印刷出版物。杂志的读者群和内容分类不同，对版式设计的要求也不同。

杂志的设计元素繁多，我们要了解杂志的相关排版、设计知识，掌握 InDesign 在排版设计中的使用技巧。

4.1
杂志版式设计基础知识

4.2
杂志的出版流程

4.3
杂志版面设计流程

4.4
任务实例

4.5
练习与拓展

4.1 杂志版式设计基础知识

杂志又称期刊，是有固定刊名，以期、卷、号或年、月为序，定期或不定期连续出版的出版物。杂志与报纸统称为报刊，杂志比报纸的出版周期要长，集结众多的作者作品，成册出版，更倾向于详尽的评论、分析和研究。

✎ 一、杂志的分类、风格、特点

1. 杂志的分类

杂志的分类主要有以下几种：

（1）按照幅面大小即开本，杂志可分为大 16 开、16 开、大 32 开、小 32 开等。

（2）按照出刊期间，可分为周刊、半月刊、月刊、双月刊、季刊等。

（3）按照内容，可将杂志分为综合性杂志与专业性杂志两大类。

2. 杂志的风格

杂志的幅面比报纸要小，页码比报纸多，设计比较自由，不必像报纸一般拘束于有限的版面空间，另外，杂志的印刷介质也决定了版面的颜色可以自由控制，因此相较报纸，杂志的版面可控性较强，对于版面的色彩、版式、图文搭配，设计师可以有选择地集中反映和体现该杂志的思想、性格、气质，这就形成了杂志的风格。

常见杂志的设计风格有以下几种：时尚、前卫、典雅、古朴、文化、权威、生活、专业、现代、品位等，在设计杂志时，要充分理解该期杂志的主题思想倾向，以选择合适的风格形式与之相呼应，以求用最好的形式去表现内容。

3. 杂志的特点

（1）连续性。杂志有较强的连续性，按照期数和周期连续发行，只要没有停刊，出版行为就不会中断，这也是期刊的最基本特征。

（2）周期性。同报纸一样，杂志有发行周期，两个期数之间为一个周期。

（3）信息高效性。杂志的信息虽然比报纸的时效性弱一些，但主要针对广阔背景下发生的问题做深入地探讨、分析和研究，且侧重于对事件的前因后果进行深刻挖掘，并以此发挥自身的影响力，所以说期刊的信息为高效且有深度。

（4）读者精确指向性。按读者对象划分杂志可分为综合性杂志和专业性杂志，专业性杂志在相当大的程度上是专业人士之间的科研成果、思想交流和信息交流的渠道，具有专业的品位，综合性杂志也在逐步进行更细致的划分。杂志的内容决定了所指向的读者群体，例如，《时尚》《瑞丽》杂志读者多为时尚女性；《体育时空》针对体育爱好者；《艺术与设计》针对广大艺术与设计爱好者等。

（5）典藏性。相对于报纸来说，杂志因其设计、印刷精美，文章内容有深度，知识性、可重复阅读性强，尤其是对于一些专业方向的杂志来说，例如《计算机世界》《军事档案》等，具有很高的收藏价值。

（6）风格传承性。对于相同的杂志，每一期一般都会保持自己的风格，前后传承，以体现自己特定的文化和理念。

（7）作者众多。杂志同报纸类似，由众多的作者投稿，经过筛选，最后汇编而成。

二、杂志与报纸的比较

报纸和杂志统称报刊，是因为这两者都按照出版时间会有连续的后期出版，杂志与报纸版面编排的原理是一样的，构成要素也基本相同，但杂志与报纸还是有明显区别的，下面就从几个不同的方面来讲解报纸与杂志的区别。

（1）报纸一般成叠单页放置，很少装订，而我们常见到的杂志一般都有骑马订装或无线胶装。

（2）在开本上，报纸的尺寸普遍大于杂志。

（3）报纸与杂志的印刷介质不同，稍微上点档次的杂志用纸一般都比较讲究，多用铜版纸、胶版纸等，相比报纸要精美得多，印刷工艺比较复杂，因此杂志价格也相对较高。全彩报纸多见于头版，内版大多为黑白版，或者套一两个颜色，而杂志除了黑白、套色外，全彩版面也非常多见，尤其是时尚、八卦、女性类杂志。

（4）相对于报纸来说，因为杂志的装帧及印刷精美，加之消费者多为有针对性、选择性地购买，通常杂志更易于读者收藏、保留。

（5）报纸更倾向于新闻、时效，所以出刊周期极短，而杂志的周期比较长。

（6）对于全彩的精美杂志来说，在制作时，一定要出血以保证裁切安全，而报纸因其周边留白，就不会有这个问题。

（7）报纸广告会见缝插针地出现在报纸版面上，大小不等，整版、半版的广告也有，但毕竟是少量。对于杂志广告来说，正好与之相反，由于杂志的幅面优势，常见整版、跨版的以大幅摄影构图为主的广告，冲击力较强，小面积广告则占相对少的幅面。

（8）在版面设计上，报纸的版块设置虽然一再强调给予读者喘息的空间，但仍然感觉密密麻麻，寸土不让；而杂志的留白就比较自由，甚至不惜用大面积的空白来营造视觉空间，对于图片为主的杂志更是如此。图4-1-1即为报纸与杂志的不同效果。

图4-1-1

（1）杂志的版面色彩、风格一般有其统一的风格和基调，以体现独特的思想内涵和文化韵味，因此相对于报纸来说，杂志在整体把握上显得更加和谐、统一。

（2）报纸的标题一般简洁、有力，有威严性，不容置疑，很少有装饰，也较少使用变体文字。而杂志则根据其内容，标题文字非常自由，可以整合、创造、更改基本形状，形成装饰性的文字，设计轻松、有趣的版面，在很多非严肃性、权威性的杂志里，尤其是时尚、品味、生活类的杂志，变化丰富的标题是一大看点。图4-1-2所示为著名的《Spirit》杂志版面，里面的数字放大得极其夸张，形成了强烈对比，却并不显得突兀、不合理，反而让人觉得有趣，与背景形成系列感，使得每一个版面感觉都比较相似，但又不完全相同。里面的各个元素互相形成了对比：粗和细，大和小，这一切都增加了视觉的吸引力。

图4-1-2

✎ 三、报纸、杂志与书籍的区别与联系

报纸、杂志与书籍发展到现在，都是以纸张为载体来承载图片、文字等信息内容，进行传播和交流。从外部形态上看杂志和书籍比较接近，而从内容构成上看杂志与报纸则更为相似。

1. 报纸、杂志、书籍的区别

（1）在总体上来说，书籍的字数、书本的厚度一般多于杂志。书籍的出版没有必然的连续性，再版要根据市场销售行情来定，因此出版时间并不确定。

（2）不管杂志是否出专刊、专辑、专号，杂志本质上还是有刊发周期的连续性出版物。

杂志与报纸的区别在前面已有讲述，这里不再重复。

2. 报纸、杂志、书籍的相似之处

（1）报纸、杂志、书籍同为纸质媒体出版物，承载各种图文符号，用以传播与交流。

（2）报纸、杂志、书籍都与印刷业有着密切的联系。

（3）报纸、杂志、书籍都需要美化、设计，最终传播给读者信息的同时也给人以视觉享受。

（4）报纸、杂志、书籍都以能够识别的图文、符号等向人们传达信息。

3. 报纸、杂志、书籍的相互联系

（1）内容的互相引用与沟通。

报纸、杂志、书籍在内容上的相互联系表现在其内容的通用性上，报纸和杂志的部分内容，经过深入挖掘、加工整理可以汇集成书籍，而我们常见的文摘类杂志，大部分内容摘录于书籍。

有文化气息和权威性的报纸、杂志通常也会成为书籍的评论内容，而书籍的某些言论也会被引用到报纸杂志中。

（2）经营互动与融合

一些有影响、有深度的杂志、报纸或书籍也会集结成册，成为合订本，近年这已也逐渐成为一种趋势，例如，《电脑报合订本》《读者》合订本等。

书籍在一定程度上会引领报刊，因为某些种类的书籍热销形成社会关注点，报纸、杂志也会将其作为新闻题材进行关注，甚至开辟专栏、制作专题等，而报刊所针对某一专题的评论、研究也会成为书籍的开发主题或背景。

MOOK 的出现让杂志与书籍成为融合状态。MOOK 即将杂志（Magazine）和书籍（Book）合在一起，成为特别的"杂志书"，一般图多文少，性质介于书籍与杂志之间，目前在中国它还是一个比较新鲜的概念，但在国外已经发展得非常成熟，MOOK 使书籍杂志化，在内容上具备书籍的性质，而在形式上则更倾向于杂志。MOOK 在世界上已成为一种新的出版潮流，在日本被认为是与书籍和杂志并列的第三种出版物。

✎ 四、书籍、杂志常用术语解释

杂志的组成与书籍类似，在这里我们统一来了解一下其组成以及排版方面的术语。

1. 精装书

精装书是一种书的装订模式，配具有保护性的硬底封面（普遍采用硬纸板，外覆以织物、厚纸或小牛皮等皮革）。精装书通常缝有富有弹性的书脊，使书本翻开时也能平贴桌面，现今书脊则多采用黏合制取代传统的缝制。精装书大多以无酸纸印制，且比平装书耐用、久存，但成本较高、价格较昂贵。精装书普遍附有精美护封。

2. 平装书

平装又称简装，平装书就是我们现在日常生活中最常看到的书，它是总结了包背装和线装的优点后进行改革的一种常用装帧形式。这种书的印刷和生产比较普遍，方法简单，成本低廉，适用于篇幅少、印数大的书籍出版。其主要工艺包括折页、配页、订本、包封面和切光书边等。一般采用纸质封面。平装书又分为普通平装书和勒口平装书两种，勒口平装书多用于书页相对较多（有一定厚度）的中型开本的书籍。

3. 书籍的组成

一本书通常由封面、扉页、版权页（包括内容提要及版权）、前言、目录、正文、后记、参考文献、附录等部分构成。

4. 封面

封面又称封一、前封面、封皮、书面，封面印有书名、作者、出版社的名称，如果是译文则会出现译者姓名。封面起着美化书刊和保护书芯的作用。在杂志封面中也会出现期数、定价、条形码、文章摘要等，杂志不同于书籍的地方还在于，书籍一般会根据主题设计配置相关的封面图片，而杂志多以明星人物或主题概念或形象做封面。

5. 封二

封二又称封里，是指封面的背页。封里一般是空白的，但在期刊中常用它来印目录或有关的图片、广告。

6. 封三

封三又称封底里，是指封底的里面一页。封底里一般为空白页，但期刊中常用它来印正文或其他正文以外的文字、广告等。

7. 封底

封底又称封四、底封，书籍在封底的右下方印统一书号和定价，期刊在封底一般印制相关的图片或广告等。

8. 书脊

书脊又称封脊，书脊是指连接封面和封底的书脊部，相当于书芯厚度。书脊上一般印有书名、册次（卷、集、册）、作者、译者姓名和出版社名，以便于查找。杂志在书脊还会印上书名和期数等。在书籍、杂志的设计出版中，书脊厚度的计算非常重要，如果不能正确地计算尺寸，则无法设置正确的文件大小，更难得到一个精美的封面。

计算书脊的厚度，可以通俗地理解为内页纸张的厚度乘以页数，通常使用以下两个公式计算。

书脊厚度 = 印张 × 开本 ÷2× 纸的厚度系数

书脊厚度 = 全书页码 ÷2× 纸的厚度系数

9. 扉页

扉页又称内封、里封、主书名页等，一般指与封二对应的页面，位置在目录或前言的前面。扉页内容与封面基本相同，常加上丛书名、副书名、全部著译者姓名、出版年份和地点等。对于书籍来说，扉页是一本书的前奏和序曲，对于一本内容很好的书来说，扉页是提升图书档次和收藏价值的必不可少的一页，扉页一般使用比较特别的质地良好的特殊纸张，与正文一起排印，扉页没有页码。对于杂志来说，在目录之前从封二开始通常会安排广告，然后才到版权页的位置，广告的大量存在也是杂志与书籍的不同之处。

10. 版权页

版权页又叫版本记录页和版本说明页，供读者了解这本书的出版情况。图书的一般附印在扉页背面的下部。版权页上印有书名、作者、出版者、印刷者、发行者，还有开本、版次、印次、印张、印数、字数、书号等。其中印张是印刷者用来计算一本书排版、印刷、纸张的基本单位，一般将一张全张纸印刷一面叫一个印张，一张对开纸双面也称一个印张。

11. 条形码

条形码是书刊的出版许可身份证，没有许可是不允许发行进入商品流通领域的。通俗地说，条形码就是利用黑、白之间在光学上的反差，依靠专门的条形码识别系统，将光信息转换为电信息，从而读取该条形码所代表的电信息。条形码是由组粗细不等，按照一定的规则和不同的间距排列而成的平行线条图形。条形码记载着书刊的 ISBN 或者 ISSN 信息。条形码通常与书号或刊号按照上下顺序摆放在一起，对于图书来说，条形码通常放置于封底的底部，而对于杂志等周期出版物来说，条形码通常放置于封面底部的某个位置。一般情况下条形码的规格高度不得少于 1.5cm。

12. 定价

定价即书刊的零售价格，除了部分附送或公益性质的书刊外，其他的图书、杂志一般会在封底或封面明确地标出书刊的定价，一般图书会将定价同条形码一起放置在封底位置，杂志则会放置在封面。

13. 卷首语

卷首语也可称为前言、序言、前记、引言、序、叙等，是写在书籍或杂志前面的短小精悍、概括全书内容的文章，一般在目录前面，主要用来阐述和介绍正文的主要内容和旨意、阅读时应注意的问题，以及使用范围、编写方法、编者分工、审校人及其他事项等，凸显正文主题，一篇好的卷首语能够起到画龙点睛的作用。

14. 跨页

跨页是指跨两个页码的相对页面，左边页面与右边页面合起来，可以看成一张大的页面，忽略杂志的中缝造成的间隙分隔，横跨是单页的两倍页面，所以叫跨页，对于杂志来说，跨页广告比较多见，跨页广告可以营造强势的视觉冲击，页面不受其他版面的影响，浑然一体。

15. 书冠

书冠是指封面上方印书名文字的部分。

16. 书脚

书脚是指封面下方印出版单位名称的部分。

17. 函套

函套也称为书套或书函，其基本作用是保护书籍，函套对塑造书籍的整体形象、反映书籍的气质、提升书籍的包装档次有至关重要的作用，因此对大多数精装书来说，函套一般是必不可少的组成部分，另外函套在套书中应用也比较广泛，例如有上、中、下册或多册一套的系列书籍。

18. 封套

封套类似 CD 封套的厚纸外套，可看成是一种包装，用于保护书芯并提升书籍的档次。另一种封套用于插装单页或样本，以形成一套整合的文件材料，总体来说除了封装功能，封套还可以很好地保护内容物，避免损毁，如图 4-1-3 所示。

图4-1-3

19. 腰封

腰封也称"书腰纸"，附封的一种形式，是包裹在书籍封面中部的一条纸带，属于外部装饰物，如图 4-1-4 所示。腰封一般用牢度较强的纸张制作。包裹在封面的腰部，其宽度约为该书封面宽度的 1/3，主要作用是装饰封面或补充封面的表现不足。但不恰当的腰封也会引起读者的反感，所以在使用腰封时，要注意腰封与书籍的风格、内容相匹配。

图4-1-4

20. 护封

护封也叫包封、包封纸。在书籍封面外套加另一张包装纸，称为护封。护封一般印有书名、作者、出版者和图案，主要用来保护封面，并起到一定的装饰作用，多用于精装本。

21. 环衬

环衬页是封二后、扉页前，以及正文后、封三前特设的空白页。前者叫前环衬，后者叫后环衬，有装饰和保护书籍的作用。环衬是精装本和线装本中不可缺少的部分，通常设计得简洁朴素、大气，对书籍的整体气氛有渲染作用，并且可以有效地固定封面与内页。

22. 勒口

勒口也叫折口、飘口。平装书的封面和封底或精装书的护封在切口处留有的 3mm 以上的向内折回的空白纸部分叫作勒口。勒口上面通常印有内容提要或作者简介。勒口宽于书芯，能起到保护书芯的作用。

23. 书签带

书签带一般用于有一定厚度的书籍，常见于精装书中。其一端固定在书芯的天头脊上，另一端不加固定，起书签的作用。

24. 夹页

夹页就是夹在刊物中，与刊物同时发行的单页或多页印刷内容，通常为广告夹页，在报纸和杂志中比较常见，一般为印刷精美的铜版纸页。

25. 拉页

拉页常见于书籍和杂志中，一端与书刊一起装订，折叠成等于或小于书刊宽度的大小，拉伸后为书刊的两倍甚至更大的尺寸，用于印刷较大幅面的图片或其他内容，常见封面拉页和内页拉页。

26. 插页

插页是为补充内容的完整，而在书芯内安放或粘上的 1 张或 2 张单页内容，通常为图片或图表，一般使用不同于正文的纸张或颜色印刷。

27. 篇章页

篇章页又称篇扉页、中扉页或隔页，篇章页是指在正文各篇、章起始前排的，印有篇或章名称的一面单页。篇章页只能利用单码页，双码页留空白。篇章页插在双码之后，一般作暗码计算或不计页码。篇章页有时用带色的纸印刷来显示区别。

28. 目录

目录是书刊中章、节标题的记录，起到主题索引的作用，便于读者查找。目录一般放在书刊正文之前，版权页之后，杂志中因印张所限，有时也将目录放在封二、封三或封四上。

29. 索引

索引分为主题索引、内容索引、名词索引、学名索引、人名索引等。索引属于正文以外部分的文字记载，一般用较小字号双栏排于正文之后。索引中标有页码以便于读者查找。在科技书中索引的作用十分重要，它能使读者迅速找到需要查找的资料。

30. 版次

版次就是同一本书的出版次数。第一次出版叫第一版。如果内容经过 1/3 以上的修改再重新排印的叫第二版，也叫再版，以此类推，如《新华字典》（第十版）。

31. 印次

印次是同一本书的印刷次数，例如，2010 年 2 月第 1 次印刷。从第一版第一次印刷起开始计算，标在版权页上。出版了第二版，印次还是从第一版起累计计算。

32. 印数

印数即一次印刷的数量。累积印数是从第一版第一次起累积计算的。同一本书的内容设计成不同开本或不同装帧的，要分别计算印数。

33. 印张

印张说明印这本书需要多少纸张。一个全张即一开大纸，如果一本书标注印张为 21，即表示这本书一共使用了 21 张全开纸裁切而成，如果这本书的开本为 16 开，则这本书就有 336 页（16×21=336）。

34. 卷、期

针对杂志的名词。杂志以时间分卷和期。卷是在期之上的一个时间分类。这里"期"为一个年度中依时间顺序发行的期数的编号，而"卷"是此刊物从创刊年度开始按年度顺序逐年累加的编年号。

35. 版式

版式是指书刊正文部分的全部格式，即版面的机构组成，包括正文和标题的字体、字号、版心大小、通栏、双栏、每页的行数、每行字数、行距及表格、图片的排版位置等。

36. 版心

版心同报纸一样，是指除去周围四边的空白以后剩余的部分，即每面书页上的文字部分，包括章节标题、正文以及图、表、公式等。

37. 版口

版口是指版心左右上下的极限，在某种意义上即指版心。严格地说，版心是以版面的面积来计算范围的，版口则以左右上下的周边来计算范围。

38. 超版口

超版口是指超过左右或上下版口极限的版面。当一个图或一个表的左右或上下超过了版口，则称为超版口图或超版口表。

39. 切口

切口也叫翻口，指书页裁切一边的空白处。

40. 订口

书刊需要订联的一边、靠近装订处的空白叫订口，而相对的另一边即翻口。

41. 天头

天头是指每面书页的上端空白处。

42. 地脚

地脚是指每面书页的下端空白处。

43. 直排本

直排本也叫竖排本，是指翻口在左，订口在右，文字从上至下，字行由右至左排印的版本，为古代书本的习惯，一般用于古书。

44. 横排本

现代书的常用排本方式，就是翻口在右，订口在左，文字从左至右，字行由上至下排印的版本。

45. 刊头

刊头又称"题头""头花"，用于表示文章或版别的性质，也是一种点缀性的装饰。刊头一般排在报纸、杂志大标题的上边或左上角。

46. 破栏

破栏又称跨栏。报纸、杂志大多是用分栏排的，这种在一栏之内排不下的图或表延伸到另一栏去而占多栏的排法称为破栏排。

47. 页码

页面的码数，用于指示页面在整本书或某个章节中的排序，一般排在页面上角或下角。奇数的页码叫单码，偶数的页码叫双码。

48. 暗页码、空码

暗页码又称暗码，是指不排页码而又占页码的书页。一般用于超版心的插图、插表、空白页或隔页等。空白面应算页码，叫作空码。

49. 页、面

"页"的意义同"张"，一页包括正反两个印面，即我们平常所说的一张纸；每"面"就是指其中的一面，也就是书刊中所标注的一个页码。

50. 通栏排、分栏排

正文字行的长度采用相等于版口宽度的排版，叫通栏排；正文字行按版口宽度等分为两栏（双栏）或三栏来排版的，叫分栏排。

51. 另页起

一篇文章或书的篇、章从单码排起的，叫另页起。如果第一篇文章以单页码结束，第二篇文章也要求另页起，就必须在上一篇文章的后面留出一个双码的空白面，即放一个空码，每篇文章要求另页起的排法，多用于单印本印刷。

52. 另面起

另面起表示一篇文章或书的篇、章从单、双码开始排起都可以，但必须另起一面，不能与上篇文章接排，表示一篇文章或章节的开始。

53. 另行

正文每一段文字开始时，一般缩进两格，另行起排分段，叫另行。

54. 齐肩

如果第一行文字缩进排，要求第二行文字起首时齐上行文字，上下行齐头排，叫齐肩。

55. 齐角

对于横排的书来说，所排的字齐版心的右边（宽度）；对于直排的书来说，所排的字齐版心的下边（长度），叫齐角。

56. 书眉、中缝

书眉和中缝的作用是为了便于读者查找、翻阅，在其上排印有书刊的章名、节名或每篇文章的题目等。书眉位于横排本书刊每面书页的上端（现在也普遍指在天头或书口处的空白位置）；中缝位于直排本书刊切口的空白处，中缝多用于古书中。通常，单码的书眉上排章、节名称或文章的篇名，双码的书眉上排书名或刊名。

57. 出血版

为了美化版面，将图版的一边和双边超出开本，经裁切后不留白边，称为出血版，常用于通俗读物或画刊。

58. 背题

背题是指排在一面的末尾，并且其后无正文相随的标题。排印规范中禁止背题出现，当出现背题时应设法避免。解决的办法是在本页内加行、缩行或留下尾空而将标题移到下页。

59. 栏目

栏目通常是由几篇篇幅相近、风格类似的期刊稿件构成的，冠以特定名称的杂志文章组合，杂志在整体上也是这些栏目的组合。

60. 附录

附录是作为书籍的补充部分，对于了解正文内容具有重要的补充意义，这一类材料包括比正文更为详细的信息研究方法和技术参数等。

五、杂志版式构成要素

版式设计是书刊装帧设计中最灵活的组成部分，版式因内容、性质、读者对象的不同，其风格也不尽相同。版式设计风格除了体现书刊总的思想之外，也会受到稿件内容的影响。

良好的版式能使主题鲜明突出，使版面产生清晰的条理性，达到最佳诉求效果。好的版式设计有助于增强读者对版面的注意，增加认同感，加深读者的记忆。

如何才能设计出良好的版式呢？达到这个目的方式方法有哪些？要设计出良好的版式，使版面具有良好的诱导力，突出主题，可以通过版面的空间层次、主从关系、视觉秩序以及彼此间的逻辑条理性的把握与运用来达到。按照主从关系的顺序，放大主体形象成为视觉中心，以此来表达主题思想。将文案中多种信息作整体编排设计，有助于主体形象的建立，在主体形象四周增加空白，使被强调的主体形象更加鲜明突出。

设计者在处理"排什么"和"怎样排"之前，首先应该把握版式构成的基本元素，即版心与版面、排版方式与分栏、字体与字号。下面就来了解一下版式的构成要素。

1. 版心与版面

版心又称版口，是版式构成的框架，是书刊正文版面所容纳文字和图标的面积，版心的大小设置要合适，符合书刊的内容和需求，一般专业性、学术性强的书刊版心大小要比较规整、固定，以求视觉舒适、阅读流畅，而对于娱乐、生活类的版心可追求变化，在大小控制上也比较自由。总体说来杂志因配加的大量图表的存在，比书籍的版心更加活跃、轻松，追求变化、发挥的空间也更大。

版心应有页眉、页码和页脚，对于现代横版书来说，页眉一般在版心的上白边位置，也可以在书口处的空白位置，以标明书名或章节标题，还可以插入时间、图形、公司徽标、作者姓名等，如果有下压线，即称为页眉线，可以横向设置，也可以纵向设置，页眉线起到分隔页眉与版心的作用。页码的位置比较自由，可置于页眉位置，也可以置于页脚位置，无论在哪个位置，均应居于版面靠近切口处白边内，以便于读者查找。页脚的功能与页眉相似，设计者可根据杂志或书籍的风格确定。线条对于版式设计的意义非常积极，利用不同线条的特点，例如，粗细、曲直、长短、大小、横竖、虚实、疏密的对比，可以增加版面的现代感，有力分割版面构成，使版面产生过渡和跳跃。

2. 字符、段落样式与分栏

字符、段落样式与分栏是版式中最具视觉冲击的版块结构，它构成了版心最基本的组成部分，现代书刊、书籍一般采用自左向右的横排设计，以适应人眼的生理机能和阅读习惯，提高阅读的质量和速度。对正文设置字符与段落样式时，一定要遵循易读性原则，字间距、行距、段落间距等都要保持一致，不可过度活泼、产生太大的变化，要做到规范、严谨。设置分栏的目的是缩短字行的宽度，以最适合的宽度尺寸方便读者的快速阅读，一般来说，字行宽度超过 12cm 时，由于人眼的扫视跨度过大，回收相对来说会产生困难，因此阅读速度会降低，最合适的字行宽度应该控制在 8—11cm，此宽度既可以使人的眼睛跟随文字行走动，又不至于走得太远，跨度过大。

对于 32 开本的书籍来说，一般不做分栏，如果是 16 开的幅面，尤其是杂志，因为文字相对来说要比正常书籍的字号小一些，不宜通栏，设计时可缩短字行宽度，将正文分为双栏或三栏比较合适。很多 16 开本的科技类书籍、学习资料等也常见分栏，但更多见通栏，这其中最主要原因是书籍的字号比一般杂志大，另外，这一类的书籍要求更加庄重，书籍相对杂志来说，更倾向于慢慢研究和消化，步子要比杂志迈得缓慢、沉稳。

图表众多的杂志可将其纳入文字化逻辑处理，确定所需的栏数和行数，同时大胆出位、打破常规，利用图表的特点，使其产生让人耳目一新的感觉，然后与文字进行合理布局，使图文协调，力求版块清晰，线条流畅。

3. 字体与字号

字体不仅体现书籍、杂志的内容，传达主题思想，同时它也是版式设计的重要构成要素，合理的字体设计应该是符合艺术形式规律的。

版面印刷字体大概分为汉字字体和外文字体两大部分。

（1）汉字字体

汉字字体的书写方式一般有手写体和印刷体。手写体随意、流畅、潇洒、活泼，印刷体严谨、规范、端庄、易辨。对于出版物来说，最终目的是要将所讲、所述、所言诉求于观众，所以易读性是第一位的，艺术性要服从于主题思想内容，正文文字必须使用字形规则、便于阅读的字体。

国内传统的出版物中，常用基本字体有宋体、正楷、黑体、仿宋体 4 种，这 4 种字体又可衍生出许多类似字体，另外用于印刷的字体还有多种多样的变体字，即平常所说的美术字，分为书法字体、广告字体、艺术字体 3 大类，例如，准圆、综艺等美术字不适合做正文，通常用于标题、小标题、名称或特别装饰等，主要用其体现一种氛围。

宋体：笔画横轻竖重、结构端庄、秀美、稳重、均匀整齐、字形平正、清晰悦目。宋体在阅读性、印刷效果以及美学方面都表现出了很大的优越性，因其笔画有变化、能缓解视觉疲劳，故常用于正文，符合人们审美的心理习惯。

黑体：笔画粗壮有力、横竖粗细一致、结构紧密、凝重醒目、具有现代感，多用于书名及内文标题、小标题或做着重字体。总体上来说，黑体不适合用于整块文章，因其等线粗细、结构过密且毫无变化，容易造成版面沉闷、字体粘连、不易阅读的感觉。等线体和细黑体是黑体的改良字体，虽其笔画粗细相似，但整体感觉纤秀柔和、活泼潇洒，常用于小说、序文、解说词等，很多用纸优良、印刷精美的杂志也用其作为正文文字使用。

楷体：即正楷字。楷体字形接近书法字形，整体感觉端正规范、圆润活泼、古朴秀美，柔中带刚。常在文史类书籍中使用，可以体现我国民族文化的格调。文章中局部（如引文）使用楷体，可让人倍感亲切、轻松、舒适。楷体多用于儿童读物和小学生课本。

仿宋体：其特点是笔画较细，起落笔均稍加装饰，有楷体的影子，但比楷体隽秀清丽，精巧端庄，排列更加齐整、轻快易读，一般用于排印前言、引文、后记、注解、古籍、诗歌、说明、注释等。

（2）西文字体

西文字体有3种基本字体，即衬线体（serif）和无衬线体（sans—serif）以及手写体，如图4-1-5所示为无衬线体与衬线体的比较。

AaBbCcDdEe   AaBbCcDdEe
（无衬线字体）   （衬线字体）

图4-1-5

衬线体（serif）：是一种衬线字体，例如，罗马体（Roman）就属于衬线体。衬线可以是有角度的、圆的、长方形的或是前三者的结合。

衬线体的特点是带有刚柔相济的弧圆，笔势挺拔有力、严谨有序、强调出字母笔画的走势及前后联系，使得前后文有更好的连续性，更适合走文阅读，常与宋体字搭配组成复合字体，在正文中使用。

无衬线体（sans—serif）：取消字体衬线，字干与字横一样粗细、清晰简洁、一目了然，具有强烈的现代感，符合现代人的审美需要。细线体常用于说明、序文、散文或小标题等，粗体常用于大标题或醒目之处。

区别于印刷体，手写体类似于中文书法，特点是书写随意自由，有的字连笔，有的字不连笔，个性化强、有亲和力，手写体有时可以起到锦上添花的效果。

字号指字体的大小，版式设计软件一般都以"点"（Points）为单位，点的单位长度为0.35mm。五号字为10.5点。点又称为磅，1英寸约等于72点，也称72磅，折合为25.4mm。大型标题一般常用字号为21 ~ 28点，中型标题一般为18 ~ 21点，小型标题常用12 ~ 16点，正文则在8 ~ 10.5点，杂志的正文字号可以更小。针对不同的年龄段所用的字号也不同，如果读者对象为老年人则要增大1个字号左右，儿童读物字号需要更大一些。

合理地设置字体、字号，才能保证读者的正常阅读，字体、字号也是书籍、杂志等版面设计中最基础的元素，一个制作考究的版式，首先在字体、字号的使用上要经得起推敲。

4.2 杂志的出版流程

杂志的出版流程一般都比较规范和固定，总体分为 4 个大的步骤：选稿、排版、印刷、发行。但每个杂志社和每一种杂志也都会有不同的环节，这里对普遍采用的大体流程做一下介绍，方便读者了解。

1. 选稿

（1）选题会。由总编或主编主持的会议，各个栏目的编辑参与，确定下期杂志内容架构，列出各个栏目的主题，在二次会议上确定主题。

（2）组稿。各编辑按选题会主题，各自组织栏目稿件，选择并接收稿件，记录作者的姓名、联系方式，安排文字录入等。

（3）定稿。根据选题的主题选出优秀稿件，确定本期内容。

（4）审稿。将定稿送往编委会进行审稿，编委会进行审核，最后通过。

2. 版面设计

（1）一校。将确定的本期内容进行基本的文字校对。

（2）版式确定。设计总监确定版式。

（3）版面设计。大体版式确定以后，美编组着手总体的版面设计工作，主要包括以下几个方面。

①选图。图片编辑或摄影编辑根据稿件内容选图，包括现有资料、摄影、电分以及扫描等方式，并确定广告图片。

②插图设计。进行插图的设计创作。

③排版设计。版面设计根据确定版式开始划版设计，对图文进行排版。

④封面设计。由平面设计对封面、封底、封二、封三及其他需发挥创意的页面进行设计。

（4）二校。校对组以 PDF 文本进行二校并改正。

（5）美编组改二校，根据各编辑反馈意见进行版面、图片、文章内容的修改。

（6）终审。主编以及副主编进行终审，签字确定。

（7）检查打样。检查样稿的文字、颜色等，没有问题后印刷样刊，如果样刊有问题还要返回继续修改，再次确定。

这个过程中校对不是单针对文字方面的多字、漏字、错别字、人名、地名、数字、注释等的修正，还要对整本杂志进行梳理，例如，统一语言风格、画面风格、标题层次、文本格式等。所以美编组针对校对的修改意见修改的工作量还是巨大的，杂志从某种意义上是改出来的，它的出版周期决定了它的精细程度远胜于报纸，而校对也不是一次两次就可以确定下来的，根据实际情况可能会需要更多次的校对，这么多次的校对，其实是在雕琢和打磨，如同设计工作一样，不到最后一刻，仍然需要在完美上下功夫，所以说设计工作永远是追求完美、超越自我的过程。

3. 印刷

签样并送交印刷厂进行印刷。

4. 发行

杂志成品入库，由主编针对每期内容做出发行计划对外发行。

4.3　杂志版面设计流程

根据杂志规划，设计任务的工作流程主要如下：

（1）通过排单了解整个杂志的内容安排。

（2）根据要求确定杂志的版面主风格。

（3）利用书籍模式来完成杂志文档制作，将每个版块做成独立文件，分别放置于书籍文档中。

（4）设计主页框架。

（5）添加内容，并调整图文关系。

（6）设计封面，确定封二、封三、封底广告样。

（7）为外部广告文件预留页面，然后理顺整个页码。

（8）抽取并设计目录。

（9）输出小样待审。

4.4　任务实例　《Fandio》体育杂志版面设计

《Fandio》本身定位于超级体育迷，主要通过时尚观点来表现体育的娱乐性。因此，版面设计风格更多地接近时尚杂志，体现体育娱乐大众的一面。

✎ 一、了解杂志总体规划

对于版式而言，杂志在出版物中是属于比较松散的一种。当然，不是说想怎么做就怎么做，而是指版面设计上比较活泼、自由，不像图书那样有很多的限制。

但是，任何事情都有个度的问题。杂志在设计上比较自由，但每期的栏目、版式风格上都要有一些相同的焦点，这是延续性的表现。

在 InDesign 中，针对不同的印刷出版方式可以采用两种不同的排版模式，即一书一档和一书多档。前者指整本书都排在一个文件中，这充分利用了 InDesign 的"书籍"制作功能，常用于全书比较统一的版式风格，比如全部是单色、双色或者全彩印刷。本任务的实现就是通过"书籍"功能完成的。后者指整本书分为多个文档，将版式比较相同的内容或者章节分在同一个文档。常用于图片较多，文件较大，版式活跃，黑白、双色、彩色印刷夹杂的杂志。

《Fandio》是一本月刊杂志，主要体现的是体育时尚和体育娱乐。

刊期：每月 10 日。

开本：国际标准杂志版（210mm×285mm）。

总页码：96 页。

内容：分 8 个大的栏目，分别是"月纪事""体育新视界""体育娱乐""花边体坛""新人物""锐话题""另眼看产业""攻击与防守"；另外，还有不同的广告插页。每期安排杂志设计和制作的时候，主编都会给设计和制作人员一个指导性的页面内容分布图，上面有该期内容的具体安排，包括每个栏目的起止页码、广告页位置等，即志杂排单。利用这个排单，就可以把握设计方向，完成工作目标。

印刷：平版胶印。

用纸：80g 轻涂纸。

装订：胶订。

✎ 二、创建书籍文档

（1）选择"文件"→"新建"→"书籍"菜单，弹出如图 4-4-1 所示的对话框。

（2）输入文件名，并选择保存路径，然后单击"保存"按钮，即可新建一个书籍文档，并出现下图所示的书籍面板，可以看到，标签显示的是刚刚命名的书籍，如图 4-4-2 所示。

图4-4-1　　　　　　　　　　　　　　　图4-4-2

（3）选择"文件"→"新建"→"文档"菜单，弹出如图 4-4-3 所示的对话框。

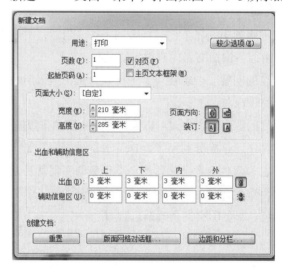

图4-4-3

（4）将页面大小设置为 210mm×285mm，页数先大概设置一个栏目所占的页码（如 10 页左右），并取消对"主页文本框架"的选择，也就是说，主页不限定文本框架。然后单击"边距和分栏"按钮，在弹出的如图 4-4-4 所示的对话框中进行边距设置。

（5）这里设置的边距上、下、左、右全部为 16mm，栏数可暂时默认为 1，需要的时候可以在实际制作过程中手动调整。在单击"确定"按钮之后，即可创建一个空白文档。

（6）将该文档保存，命名为"月纪事．indd"。

图4-4-4

（7）按照相同方法，创建其他七个栏目的文档，分别命名为"体育新视界．indd""体育娱乐．indd""花边体坛．indd""新人物．indd""锐话题．indd""另眼看产业．indd""攻击与防守．indd"。

技巧：也可以不断使用"文件"→"存储为"命令，快速创建八个栏目文档。

（8）单击"书籍"面板下方的"添加文档"按钮，在打开的对话框中按住Ctrl键选择刚刚创建的八个栏目的文档，将其添加到书籍中，并调整各栏目的顺序，如图4-4-5所示。

图4-4-5

说明：对于杂志来说，还有封面、封二、封三、封四、版权页面、目录、广告等内容，也可以通过创建单独的文档，并添加到书籍中来实现。这里先制作内文的内容，其他操作可以放到最后来做。

✎ 三、主页设计

体育的特点是速度、力量和规则，在进行主页设计时，需要体现出这三个显著的特点。我们利用细线来体现速度，粗线体现力量，而利用两种线条规划的统一清晰页边距来体现规则。基层主页指的是内文最内部的正文主页框架，具体设计过程如下。

（1）在书籍面板中双击第一个栏目"月纪事"，打开该文档。

（2）打开"页面"面板，双击"A-主页"，进入到主页编辑状态，可以看到，这是一个跨页主页。

（3）利用"直线工具"，分别在左右两页的切口处绘制两条竖直直线。

（4）打开"描边"面板，设置左侧线条的"粗细"为0.35mm，右侧线条的"粗细"为2mm。此时在"预览"模式看到的主页如图4-4-6所示。

图4-4-6

（5）使用"文字工具"，在左页左上角页眉处绘制文本框，在菜单中选择"文字"→"文本变量"→"定义"命令，弹出如图4-4-7所示对话框。

（6）在"文本变量"列表中选中"标题"，单击"编辑"按钮，弹出如图4-4-8所示对话框。

图4-4-7

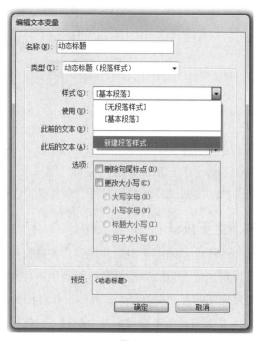

图4-4-8

（7）在"样式"下拉列表中选择"新建段落样式"，弹出如图4-4-9所示对话框。

（8）在"样式名称"文本框输入：文章大标题，单击"确定"按钮，返回上一级对话框。在"使用"下拉列表中选择"页面上的第一个"，在"此前的文本"框中输入"阅读ing＞＞＞"，如图4-4-10所示。

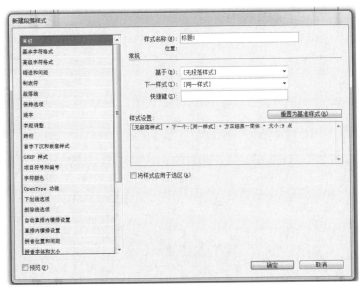
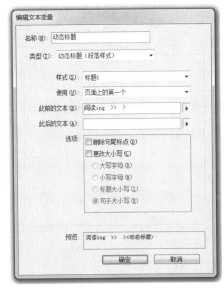

图4-4-9　　　　　　　　　　　　　　　　　　　图4-4-10

（9）单击"确定"按钮，单击"插入"按钮后，文本框中会自动显示出当前的文件名和前缀文字。然后设置文字的字体为"方正细黑—简体"，字号为9点，效果如图4-4-11所示。

阅读 ing >> >< 动态标题 >

图4-4-11

说明：这样的操作的意义在于，在后面添加页面内容时，该页如果出现标示为"文章大标题"段落样式的文字时，页眉会以该页面上第一个该样式的标题文字为准进行显示。加前缀文字的意思是提醒读者：您当前正在阅读的是某个文章。"阅读 ing"是采用目前比较流行的网络语言，标示正在阅读，这也是杂志兼顾时尚性和娱乐性的一种体现。

（10）按照同样的方法，在右侧奇数页页眉处绘制文本框，然后选择菜单"文字"→"文本变量"→"插入变量"→"文件名"命令，则文字会自动根据当前文件名提示读者目前阅读的内容是杂志的哪个栏目。这也是为什么要求每个栏目的独立文档名称与杂志对应栏目名称相同的原因，具体效果如图4-4-12所示。

in 月纪事

图4-4-12

（11）同样，在页脚处，利用"文字"→"插入特殊符号"→"标志符"→"当前页码"命令（快捷键：Ctrl+Shift+Alt+N）插入页码标识，并输入后缀文字（杂志名），如图4-4-13所示。

图4-4-13

至此，内文主页设计完成。一般情况下，杂志的正文部分应用跨页"A- 主页"，但如果有其他情况，比如文章标题首页需要单独设计，则可以该页不应用主页，也就是说，只应用"A- 主页"中的奇数页或者偶数页的主页，其他单独设计的页面不使用主页。图 4-4-14 给出主页设计完成后的预览模式效果。

图4-4-14

✎ 四、第一栏目"月纪事"设计

第一栏目为"月纪事"，主要有 6 页内容，为了能更好地利用对页效果，每个栏目首页都要位于偶数页。

在初期规划过程中，杂志内文的第 1 页为一个整版商业广告，第 2—3 页为版权和目录，真正的正文开始于第 4 页。因此，对于第一栏目"月纪事"来说，起始页应该为第 4 页。

（1）在"页面"面板中，右击主页下方列表栏中的任意页面，在弹出菜单中选择"页码和章节选项"命令，弹出对话框。设置"起始页码"为4，单击"确定"按钮，此时即可看到，该文档从第4页开始，也就是说，在栏目首页处，正好形成一个对页，如图4-4-15所示。

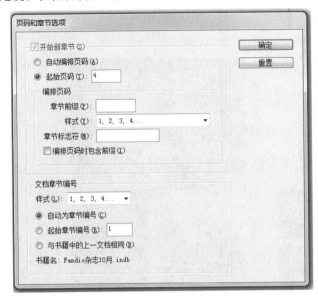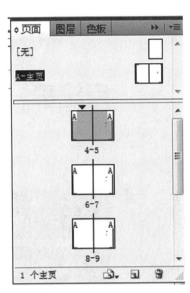

图4-4-15

（2）下面设计第4—5页，作为"月纪事"栏目的开篇。在"页面"面板中右击第4页图标（注意，一定是第4页，而不是第4—5页这个对页），然后在快捷菜单中选择"将主页应用于页面"命令，在弹出的如图4-4-16所示的对话框中，选择"应用主页"为"无"，单击"确定"按钮。

图4-4-16

（3）此时，第4页套用的主页不再显示，而成为一个完全空白的页面。利用"文字工具"，输入"月纪事"三个字，设置笔画较重的字体和较大的字号。同样生成另外两个文本框，输入文字，并设置字体字号，与三个汉字的位置关系如图4-4-17所示。

图4-4-17

（4）通过"文件"→"置入"菜单，将图片导入到文档中，然后通过按住"Shift"键拖动的方式缩小或者放大图片，再利用"对齐"面板（如没有在工作区，则通过"窗口"→"对象和版面"→"对齐"命令来调出）对齐图片，具体的操作比较简单，这里不再详述。最后形成的对页效果如图4-4-18所示。

图4-4-18

（5）首页设计结束后，接下来进行内文设计。首先，在第6页，选择"文件"→"置入"命令，在弹出的对话框中选择要导入的文字内容。通常情况下导入的为文本文档或Word文档，在导入Word文档时，有时为了能够看到置入文件的格式，需要选中"显示导入选项"，这样，在置入过程中会出现如图4-4-19所示的对话框。如果记者的采编稿件Word文档中是文字和图片的混合文档，则务必要选中"移去文本和表样式和格式"选项，单击"确定"按钮，这样就只导入文本，如图4-4-20。

图4-4-19

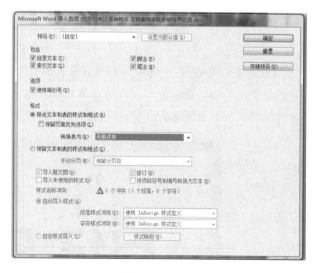

图4-4-20

（6）显示导入进度后，光标变成载文光标，即随着光标带有一个小文字块，在页面起始处按住"Shift"键单击鼠标，即可将内容导入到页面中，而且，如果一页不足以显示的话，会自动填充到下一页。

（7）在Photoshop中调整用于本文的图片，包括调色、修改颜色模式，图像大小等。然后置入图片到页面中。

（8）进行版式设计与排版。将图片分别摆放如图4-4-21所示。

图4-4-21

（9）设计文章标题。将标题文本执行"剪切"操作，再将其"粘贴"，形成一个独立的文本框架。对于文章标题，需要为其设置一个段落样式。这时应该想到，前面在设计主页的时候，曾经在页眉中插入过文本变量"动态标题"，当时使用的段落样式为新建的"文章大标题"。而此时观察第6页页眉，确实没有显现文字。这是因为在该页中还没有文字被设为"文章大标题"。打开"段落样式"面板，在其中可见我们创建的"文章大标题"样式。

（10）在第6页文本框中选中标题文字，然后在"段落样式"面板中选择"文章大标题"，此时会发现，该页页眉处的文本变量得到应用，自动显示出了标题文字，如图4-4-22所示。

图4-4-22

（11）为标题文本设置合适的字体与字号，如图4-4-23所示。

图4-4-23

（12）格式化正文。为正文文本应用"正文"段落样式，文本框架的分栏数设为3，此时效果如图4-4-24所示。

图4-4-24

（13）选中标题文本框，打开"文本绕排"面板，在其中单击"沿定界框绕排"，使正文文字围绕标题文本框架进行绕排。最后，再调整文本框架的宽度，做适当留白，形成如图4-4-25所示效果。

图4-4-25

（14）对于最为重要的月度体育事件，这样的表达略显苍白。下面再加强一下页面视觉冲击力。利用"矩形工具"绘制一个矩形。

（15）在工具箱的"填色／描边"按钮组中激活"填色"按钮，再单击"吸管工具"，此时光标变为"吸管"，在图片蓝色背景中单击鼠标，以提取蓝色，矩形便被蓝色填充。右击矩形，在快捷菜单中选择"排列"→"置于底层"命令，此时被矩形覆盖的文本内容显示在矩形上层，选择所有文本，在"色板"面板中将文字颜色设置为"纸色"，标题设置为"金色"。此时，页面的冲击力就显现出来了，如图4-4-26所示。

图4-4-26

（16）对于"月纪事"栏目的第8—9页的内容，操作方法大体相同，只是在版式上会有一些比较细微的变化，这里就不再细讲了，最后效果，如图4-4-27所示。

图4-4-27

✎ 五、第二栏目"体育新视界"设计

按照主编排单，"体育新视界"栏目和上一个栏目之间有一个跨页广告，占据第10—11页，因此，该栏目的起始页码为第12页。

（1）在书籍"Fandio 杂志"中双击"体育新视界"，打开该栏目对应的文档。

（2）在"页面"面板中，右击主页下方列表栏中的任意页面，在弹出菜单中选择"页码和章节选项"命令，在弹出的对话框中设置"起始页码"为12。

（3）切换到"月纪事"文档，在"页面"面板中选中"A- 主页"右击，在快捷菜单中选择"移动主页"，弹出如图 4-4-28 所示对话框。

图4-4-28

（4）在"移至"下拉列表中选择"体育新视界.indd"，单击"确定"按钮，这样，在该文件中就会直接获得另一个文件中的主页，在"页面"面板中可以看到，该主页被命名为"B-主页"。

（5）选择"B-主页"，然后右击，在快捷菜单中选择"将主页应用于页面"命令，弹出如图4-4-29所示的对话框。

图4-4-29

（6）在"于页面"中输入要应用主页的页码第12—19页，标示应用范围，单击"确定"按钮之后，即可将主页附加于所设定的页面。

（7）执行"文字"→"文本变量"→"定义"命令，弹出对话框，单击"载入"按钮，选中"月纪事.indd"文件，单击打开，把"动态标题"和"文件名"的变量属性应用到当前文件"体育新视界.indd"中，如图4-4-30所示。

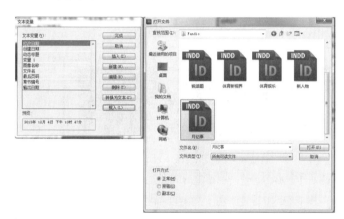

图4-4-30

（8）下面以跨页形式设计第12—13页，作为"体育新视界"栏目的开篇页。首先，设置第12页的主页为"无"。

（9）通过"文件"→"置入"菜单，将图片导入到文档中，然后通过按住"Shift"键拖动的方式缩小或者放大图片，并调整位置关系，形成如图4-4-31所示的效果。

图4-4-31

（10）利用"文本工具"绘制一个覆盖整个跨页版心的文本框，然后选择"表"→"插入表"菜单（快捷键：Ctrl+Shift+Alt+T），弹出如图4-4-32所示对话框。

图4-4-32

（11）插入的表为8行12列，单击"确定"按钮，插入效果如图4-4-33所示。

图4-4-33

（12）我们利用表格的目的是在整个跨页版面中形成一种网格状的线条，因此，将光标移至表格右下角，当它变为 形状时，拖动表格，直到表格布满整个文本框，如图4-4-34所示。拖选整个表格，右击，在快捷菜单中选择"表选项"→"表设置"命令，弹出对话框。在"表设置"选项卡中，设置"表外框"的"粗细"为"2毫米"，"颜色"为"纸色"。如图4-4-35所示。

图4-4-34

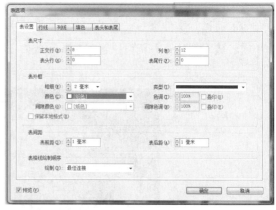

图4-4-35

（13）切换到"行线"选项卡，按照下图所示进行设置，特别要注意的是，行线的颜色全部选择"纸色"，如图4-4-36所示。在"列线"选项卡中进行类似的设置，如图4-4-37所示。

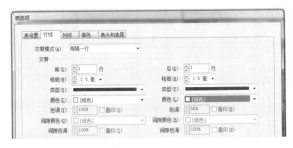

图 4-4-36

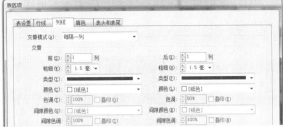

图 4-4-37

（14）设置完毕，单击"确定"按钮，形成如图4-4-38所示的效果。

图4-4-38

（15）设置单元格的填充色，在单元格内输入文字，设置字体字号颜色，效果如图4-4-39所示。

图4-4-39

（16）下面设计第14—15页，步骤基本上和设计"月纪事"栏目相差无几，先从外部置入记者撰写好的文章（txt或doc格式），然后置入图片，并安排好大体的位置，如图4-4-40所示。

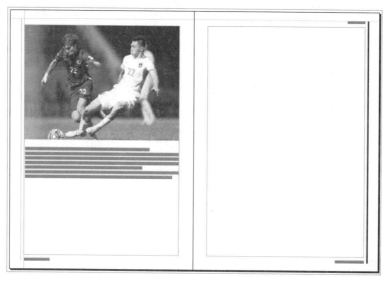

图4-4-40

（17）对于第一张图片，我们将其抠图，产生一种使文字不规则绕排的效果，从而活跃版式。使用"钢笔工具"沿着人像的轮廓描绘路径锚点，形成闭合路径。如图4-4-41所示。

（18）选中图片，执行快捷键"Ctrl+]"，将图片移至路径的上面，然后同时选中图片与路径，打开"路径查找器"面板，在其中单击"交叉"按钮，实现抠图。如图4-4-42所示。

图4-4-41   图4-4-42

（19）通过"效果"面板调出"效果"对话框，选择"基本羽化"项，羽化宽度设为1毫米，其他选项保持默认设置，单击"确定"，从而使路径边缘获得虚化，看起来更自然一些。

（20）设置文章标题。同样在新的文档中，设置一个段落样式"文章大标题"，从而使得页眉上的文本变量能自动显示这个标题。具体设置段落样式的方法这里不再详述。

（21）当所有页面元素处理完毕之后，就可以合理安排图文、标题、引言、分栏等的关系，对版面做出更美观的设计了。具体效果如图4-4-43所示。

图4-4-43

（22）对于该栏目的其他内容，设计时需要的操作大体与上面相同，这里就不再详述，只给出效果，如图4-4-44所示。

图 4-4-44

注意，根据杂志排单，该栏目的最后一个页面是一个广告。广告已设计完成，直接复制过来即可。

✎ 六、第三栏目"体育娱乐"设计

"体育娱乐"栏目是一个以图片展示为主的栏目，主要是一些大众娱乐体育项目和体育幽默事件，重在轻松欣赏，展示体育"更高、更快、更强"的竞技性之外的娱乐性。因此，该栏目的排版需要走类似于画册的风格，采用多图版面的设计，但要注意视觉流程的安排。

首先来看看栏目首页的设计。利用"文本工具"分别输入栏目名称、英文含义和不同组图的题目（本栏目有不同的欣赏组图，每组图都有一个主题，如"明星体育""体育幽默""强体育"等），然后在"字符"面板中设置字体和字号，在"段落格式"面板中，将组图名称设置为"文章大标题"级别，以便在页眉的文本变量中能够显示出来。标题效果如图4-4-45所示。

图4-4-45

接下来对不同组图进行排版设计。首先，将本栏目需要的图片利用"置入"功能全部置入，然后通过调整图片的大小和位置，形成如图4-4-46所示的版面结构。

图4-4-46

接下来进行其他组图的设计，效果如图 4-4-47 所示。

图 4-4-47

到此,"体育娱乐"栏目内容就制作完成了。在这个栏目中,基本上没有特别应用 InDesign 的功能,大都是一些图片的版式布局。从设计角度来看,版面虽然珍贵,但适当的留白是必不可少的,这需要根据实际工作中具体的版面来安排。

✐ 七、第四栏目"花边体坛"设计

"花边体坛"栏目是一些体坛之外但与体坛密切相关的所谓"八卦类"的内容。操作上,仍旧是图文协调为重点,具体使用的功能基本上都是通过之前学习已经掌握了的,因此,为了节省篇幅,讲解步骤也比较简略。

首先是确定该栏目的起始页码。由于排单的安排,本栏目和上一个栏目之间有三个广告,就是一个跨页整版广告和两个单页广告。所以,需要将起始页设定为34。在"页面"面板中,将第34—35页的主页设置为"无"。

置入首页需要的第一张图片,然后在工具箱中单击"矩形工具"并按住左键不放,直到弹出一个工具组菜单,选择"椭圆工具",按住"Shift"键,在页面中绘制一个正圆。按住"Shift"键同时选中图片和正圆对象,然后打开"路径查找器"面板(如该面板不显示,请选择"窗口"→"对象和版面"→"路径查找器"菜单命令),单击其中的"交叉:交叉形状区域"按钮,则会通过布尔运算形成如图 4-4-48 所示的合并图形。

图4-4-48

按住"Alt"键拖动获得的图片完成一次复制,然后在选中复制图形的前提下,再次使用"置入"功能,置入另一幅图片,这时,此图片会自动填充在这个特殊的图形框架中。

右击新图形,在快捷菜单中选择"变换"→"水平翻转"命令,并调整两个图片的位置关系和大小, 用 5 个文本框分别输入"花边""体坛""T""he""box news"等文字,并进行字体、字号设置,采用流行的文字组合效果,如图 4-4-49 所示。

图4-4-49

目前的效果感觉页面太过清爽，与栏目主旨有些不相称，因此，利用"矩形工具"为整个跨页加一个底色，颜色选择为咖啡色，表示这种花边类的内容可以作为休闲时的谈资。同时，还需要调整文字的颜色：英文选择底色的类比色，而中文采用底色的分裂补色，即 Kuler 面板中的复合色。接着，在标题文字下方再置入几幅小图，并在"效果"面板中将"混合模式"改为"柔光"，以降低对比度，使整个页面在明度上获得和谐，完成后的首页效果如图 4-4-50 所示。

图4-4-50

接下来进行该栏目的内容设计。该栏目采编人的稿件方式为文本文件,图片是文本之外提供的。因此,可以通过将文字内容直接复制到空白的文本框架中来实现文本的导入,也可以通过在图片浏览器中直接拖动图片到文档中来导入图片。

导入之后,合理安排图文关系,在视觉流程上采用由外到内的螺旋形排式。处理文章标题,应将其设置为"文章大标题"的段落格式,以便页眉的文本变量能够自动显示出来,效果如图4-4-51所示。

图4-4-51

第三个跨页的设计也大体遵循同样的操作,采用螺旋形排式,如图4-4-52所示。但要注意,标题采用的是段落右对齐,在"段落"面板中有此设置,读者可以自行尝试。

图4-4-52

✎ 八、其他栏目的设计

到此为止，杂志的改版设计任务只完成了一半，但考虑到本书的篇幅以及读者对 InDesign 杂志排版中常用的功能已经基本掌握，在此不再逐一讲述了。

至此，杂志的内文部分就设计并制作完成了。在制作过程中，大体使用了 InDesign 的几个较为固定的功能，如主页应用、自动灌文、图片对齐、段落样式、图片效果，有时，针对一些特殊效果，可能还需要使用路径的方法进行抠图。甚至对于某些页面中的图片，需要配合 Photoshop 进行特殊效果的处理。

在版面构图方面，杂志主要强调的是阅读时的视觉流程与易读性，而视觉冲击力并不是主要追求的目标。

✎ 九、杂志文前设计

文前，顾名思义，就是内文部分中正文之前的一些如版权、目录、卷首语等的内容。一般情况下，版权页内容是相对固定的，每期杂志只做少许改动即可。

1. 版权页设计

从排单来看，通常情况下，版权页位于第 2 页，第 3 页会有一个单页整版广告。因此，在以后设计版权页时，考虑它和右侧广告页的协调统一，要在颜色主调上谋求一致。也就是说，每期的版权页将会在色彩上随着广告主调的变化有所变化。

（1）新建一个相同尺寸的空白文档，只有两页就好。

（2）在"页面"面板中右击新文档页面图标，在快捷菜单中选择"页码和章节选项"，在弹出的对话框中设置起始页码为2。

（3）通过"置入"功能，将广告设计部送来的设计完成的"P3广告 . indd"文档置入到版权页右侧的第3页，如图4-4-53所示。

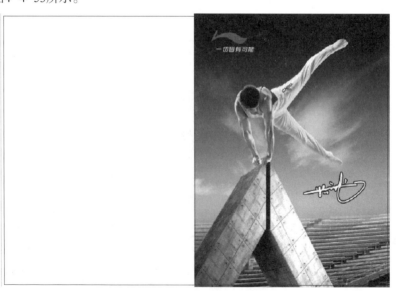

图4-4-53

（4）利用"矩形工具"绘制一个矩形，然后在工具箱中激活"填色/描边"切换按钮组中的"填色"按钮，再单击"吸管工具"，当光标变为取色光标时，在广告页中点取背景色，从而为矩形填上一致的颜色。

（5）利用"直线工具"绘制一条直线，将其置于切口处矩形的旁边，并设置合适的粗细和颜色，如图4-4-54所示。

图4-4-54

接下来利用"文字工具"在文本框架中输入版权文字，其中刊名的字号设置得较大些，而版权内容则采用中英双语。位于左侧矩形框中的中文，采用右对齐方式，右侧的英文采用左对齐方式，最后完成的版面效果如图 4-4-55 所示。

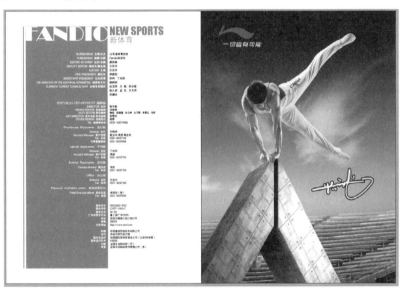

图4-4-55

2. 目录设计

（1）根据排单，目录在版权页之后的第4—5页。因此，设计时还是首先要调整页码，将刚刚制作好的版权页另存为"目录．indd"，然后在"页面"面板中调整目录的起始页码为4。

（2）打开"书籍"面板，将版权页和目录所在的文件通过"添加文档"按钮添加到杂志中。

（3）再次拿起排单，逐个栏目和书籍文档对照，核对杂志中各栏目的顺序、起始页码和插页广告的具体位置，如果有误，则重新排序，如图4-4-56所示。

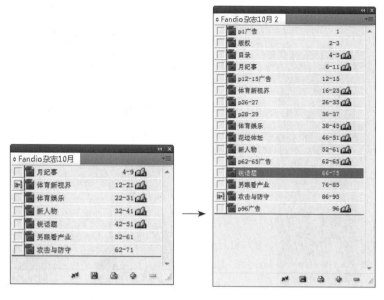

图4-4-56

（4）回到目录文档，执行"版面"→"目录"命令，弹出对话框，单击"更多选项"按钮，展开全部的目录选项，勾选"包含书籍文档"选项，然后在"其他样式"列表中选中我们在杂志设计时创建的文章标题所使用的段落样式"文章大标题"，单击"添加"按钮，将其添加到左侧的"包含段落样式"列表中；在"条目样式"中选择"基本段落"，"页码"选择"条目前"，"条目与页码间"选择"全角空格"，最后单击"确定"按钮，即可在页面中插入从书籍文档中提取出来的目录条目，如图4-4-57所示。

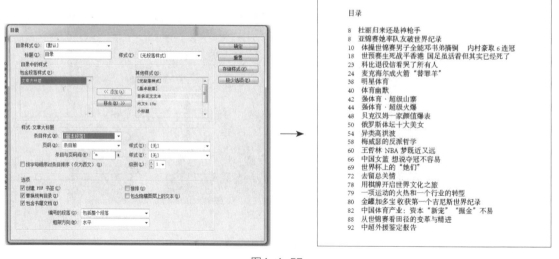

图4-4-57

（5）编排目录页，对当期重点文章条目进行突出设计，并配上图片，是现在时尚杂志较为常见的目录设计方法，效果如图4-4-58所示。

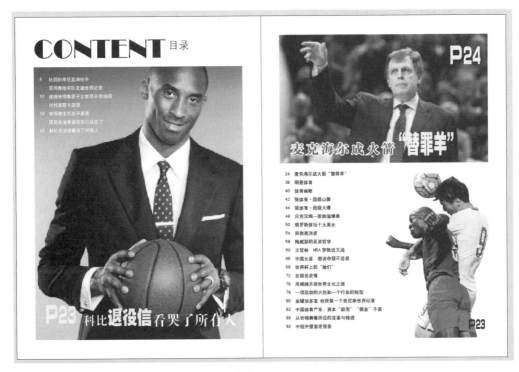

图4-4-58

✎ 十、封面设计

封面设计实际上并不是指单一封面，而是封一、封二、封三、封底四个页面。一般来说，运作好的杂志，除了封一外，封二、封三和封底通常都是整版的广告。也就是说，对于排版制作人员来说，杂志封面设计就只是封一的设计，其他版面只需将广告设计部送来的广告设计文档拼合即可。

封面是书籍、杂志、报纸的门脸，通过封面设计可表达主题思想、刊物风格、办刊宗旨等信息。杂志的封面所体现的内容与报纸更为相似，但又有自己的特点，一般来说杂志会有固定的刊名、发行时间与期数、条形码，并且会在封面出现特别强调的篇章主题，在读者看到的第一眼就给予一个导读提示。

1.创建空白文档

现在我们从零开始创建杂志的封面，如果杂志每期的页码基本一致，则可以沿用以前的封面尺寸，只更换不同的封面设计即可。

首先来设置页面的大小，封面的尺寸实际是正封加封底，再加上书脊的尺寸，这个一定要记住，书脊的厚度就是书脊的宽度，按照书脊的厚度计算公式，我们来算一下案例所设计杂志的书脊厚度。

书脊厚度的计算公式如下：

$$书脊厚度 = 印张 × 开本 ÷2× 纸的厚度系数$$

$$书脊厚度 = 全书页码 ÷2× 纸的厚度系数$$

本案例中，杂志开本为 16 开，共有 96 页，使用 80g 轻涂纸进行彩色印刷，该纸张的厚度系数为 0.075，则书脊厚度的计算方法是首先算出整本书的印张数为 6（96÷16=6），即制作本杂志需要 6 个印张的 80g 轻涂纸，然后按照书脊厚度计算公式进行计算结果如下。

$$书脊厚度 =6 × 16 ÷ 2 × 0.075=3.6（mm）$$

在已知本书页码为 96 页的情况下，也可以使用第二个公式进行计算。

$$书脊厚度 =96 \div 2 \times 0.075 = 3.6（mm）$$

这样我们就得到了书脊的厚度为 3.6mm，在进行页面尺寸的确定时，要将书脊的宽度定为 4mm，可以稍微多留出一点书脊的富余位置，保证书脊更加自然美观，尤其是书脊的颜色与封面不同时。本例中书脊与封面的颜色统一为黑色，这样过渡上就不会出现大的问题。

此处需要注意，因为书刊的载体是纸张，而纸张都有国际标准的正度或大度尺寸，所以无论是制作什么样的书刊，都要印刷在一张大纸上，然后进行裁切，这样就要计算好合适的开本和页数，以保证最节约和快速的方式，既节约资源同时又节约了印刷厂工人的劳动。

设计师要注意，在进行纸媒版面设计时，无论书籍、杂志、包装、海报等都要将纸的尺寸考虑进去，尽量避免浪费。下面正式进入文档参数的设置。

按下"Ctrl+N"组合键，打开"新建文档"对话框，设置页数为 2 页，页面方向为横向，四边出血各为 3mm。页面宽度为 424mm（即 210+210+4=424mm），页面高度为 285mm。设置完成后，单击"边距和分栏"按钮，打开"新建边距和分栏"对话框，在其中将边距设置为 0，分栏为 2 栏，栏距为 4mm，然后单击"确定"按钮。创建如图 4-4-59 所示页面。

图4-4-59

2. 设计刊名与封面版式

（1）将封面图片在 Photoshop 中进行处理，这是因为封面的精度要求高，而且大都需要一些磨皮（人物皮肤细腻化处理）、调色或者合成等处理。对于图片的选择，一些大的杂志社都由专门的封面摄影师提供。将处理好的图片置入到 InDesign 空白文档中。

（2）输入杂志名称（有专门的 Logo 的，同时置入 Logo），对于字体，通常都是固定的，除非有大的改版，这是因为一般的杂志名称都兼具 Logo 的作用，是一种统一形象的标示。在颜色方面，则需要配合封面图片来进行调整。这里我们需要根据图片主色调，在 Kuler 面板中进行调色。

（3）选中文字，在菜单中选择"文字"→"创建轮廓"命令，将文字转化为一个整体的图形对象。再选择"对象"→"路径"→"释放复合路径"命令，这时，每个文字的不相连的笔画都变为单个的对象。从图中可以看到，"a""d""o"几个字母的空心部分也被分解出来，这还需要我们重新处理。首先，按住 Shift 键的同时选中字母"a"和其空心部分，在"路径查找器"面板中单击"从最底层的对象中减去最顶层的对象"按钮，这样，即可将字母"a"复原。

（4）按照同样的方法，复合字母"d"和"o"，对于字母，一则需要在"路径查找器"面板中单击"相加:将选中的对象组合成一个形状"按钮使其复合，这样，所有的字母全部成为单一的形状了。

（5）通过将字母挪离人物面部的方法来设计刊名，并适当重叠字母。

（6）输入其他封面导读文字，并进行字体、字号设置，并通过 Kuler 面板设置合适的颜色。最后，置入条码图形，并设计版次信息。

（7）最后，对封面做一些较细节的调整，如微调颜色、调整文字位置和主次等。然后，在页面左侧的封底中插入设计好的广告版面，这样，整个页面的效果如图 4-4-60 所示。

图4-4-60

对于封二、封三来说，大部分情况下，全部为广告，因此就不再具体给出效果图了。

✎ 十一、印前处理

杂志封面及内页版面设计完成以后，即可对版面进行预检、修改错误、PDF 预览输出，然后经过几轮反反复复的校对和修改，获得通过之后，再将文字进行 PDF 转曲输出，打印小样，再次检查错误，最终发排印刷。

关于印前处理的程序，在前面报纸版面设计中，已经详细地介绍过，杂志的印前流程也基本类似，在此不做赘述。但需要说明的是，由于本案例中使用了书籍功能，因此印前检查、打包与导出 PDF 可以通过"书籍"面板来实现,下面对相关内容进行讲解。

1. 印前检查

（1）单击"书籍"面板菜单，在其中选择"印前检查'书籍'"命令，打开"印前检查书籍选项"对话框，如图4-4-61所示，在其中设定检查范围和包含对象等选项，然后单击"印前检查"按钮。也可以选中"生成报告"复选框，在检查结束后生成PDF错误报告，书籍的所有错误都会一目了然，然后根据报告来修正错误。

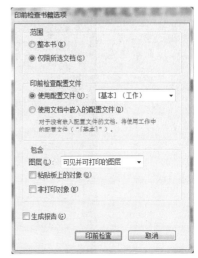

图4-4-61

（2）在检查进度完成之后，"书籍"面板中即可看到检查结果，如图4-4-62所示，检查结果无错误的以绿色标志显示，有错误的以红色标志显示。

（3）双击有错误提示的文档列表项目，即可打开该文档，然后再双击状态栏错误报警位置，打开"印前检查"对话框，如图4-4-63所示，对错误进行更正。

图4-4-62

图4-4-63

2. 文档或书籍打包

全选列表文档项目，然后选择"书籍"面板菜单中"打包'书籍'以供打印"命令，可以打开"打包"对话框，如图4-4-64所示，在其中查看字体、图像、打印设置等相关信息。注意，选择一个列表文档项目会针对一个文档打包，全选列表文档项目则针对整个书籍文件进行打包。

单击"打包"按钮可以将文档链接的图片和字体、文档文件等内容打包到一个文件夹里，单击"报告"按钮则可生成文档报告。

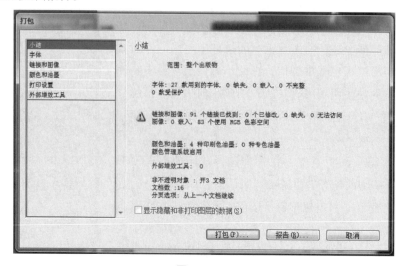

图4-4-64

3. 导出 PDF

在"书籍"面板菜单中选择"导出为 PDF 选项",则将选中文档或整个书籍文件导出为所需要的 PDF 文件。对于导出设置,在报纸版面设计中已经做过讲述,这里不再赘述。

4. PDF 文件转曲

为避免缺失字体、无法嵌入等意外情况的发生,使文件输出做到 100% 安全,最终输出稿件需要进行文字转曲。

> 本章讲解了杂志版面基础知识,版面构成要素,杂志出版流程以及设计的工作流程,包括 InDesign 书籍功能的应用、表格的妙用、使用书籍面板印前检查和打包等。

4.5　练习与拓展

以班为单位,策划一本时尚杂志,杂志名、栏目、页数、开本、排单由全体学生讨论制定,分工合作,上网下载所需素材,共同完成杂志的策划与编排。

时尚杂志策划与设计制作
1. 杂志名称:
2. 杂志定位:
3. 杂志总页数:　　　　　　　杂志成品尺寸:
4. 杂志栏目总览:

5. 栏目名称及选稿:
（1）标题名:
图片个数:　　　　文章字数:　　　　页数:
（2）标题名:
图片个数:　　　　文章字数:　　　　页数:
（3）标题名:
图片个数:　　　　文章字数:　　　　页数:
（4）标题名:
图片个数:　　　　文章字数:　　　　页数:
（5）标题名:
图片个数:　　　　文章字数:　　　　页数:
（6）标题名:
图片个数:　　　　文章字数:　　　　页数:
6. 栏目名称及选稿:
（1）标题名:
图片个数:　　　　文章字数:　　　　页数:
（2）标题名:
图片个数:　　　　文章字数:　　　　页数:
（3）标题名:
图片个数:　　　　文章字数:　　　　页数:
（4）标题名:
图片个数:　　　　文章字数:　　　　页数:

（5）标题名：

图片个数：　　　　　文章字数：　　　　　页数：

（6）标题名：

图片个数：　　　　　文章字数：　　　　　页数：

7. 栏目名称及选稿：

（1）标题名：

图片个数：　　　　　文章字数：　　　　　页数：

（2）标题名：

图片个数：　　　　　文章字数：　　　　　页数：

（3）标题名：

图片个数：　　　　　文章字数：　　　　　页数：

（4）标题名：

图片个数：　　　　　文章字数：　　　　　页数：

（5）标题名：

图片个数：　　　　　文章字数：　　　　　页数：

（6）标题名：

图片个数：　　　　　文章字数：　　　　　页数：

8. 栏目名称及选稿：

（1）标题名：

图片个数：　　　　　文章字数：　　　　　页数：

（2）标题名：

图片个数：　　　　　文章字数：　　　　　页数：

（3）标题名：

图片个数： 文章字数： 页数：

（4）标题名：

图片个数： 文章字数： 页数：

（5）标题名：

图片个数： 文章字数： 页数：

（6）标题名：

图片个数： 文章字数： 页数：

9.栏目名称及选稿：

（1）标题名：

图片个数： 文章字数： 页数：

（2）标题名：

图片个数： 文章字数： 页数：

（3）标题名：

图片个数： 文章字数： 页数：

（4）标题名：

图片个数： 文章字数： 页数：

（5）标题名：

图片个数： 文章字数： 页数：

（6）标题名：

图片个数： 文章字数： 页数：

10.栏目名称及选稿：

（1）标题名：		
图片个数：	文章字数：	页数：
（2）标题名：		
图片个数：	文章字数：	页数：
（3）标题名：		
图片个数：	文章字数：	页数：
（4）标题名：		
图片个数：	文章字数：	页数：
（5）标题名：		
图片个数：	文章字数：	页数：
（6）标题名：		
图片个数：	文章字数：	页数：
11. 广告及安排：		
（1）广告名：	页码安排：	
（2）广告名：	页码安排：	
（3）广告名：	页码安排：	
（4）广告名：	页码安排：	
（5）广告名：	页码安排：	
（6）广告名：	页码安排：	
（7）广告名：	页码安排：	
（8）广告名：	页码安排：	

12. 封面要目：

13. 杂志页面编排：